中国石油科技进展丛书（2006—2015 年）

U0199027

精细分层注水技术

主　编：王渝明

副主编：罗　凯　祝绍功　王凤山　徐德奎　李彦兴

石油工业出版社

内 容 提 要

本书以中国石油2006—2015年组织的注水开发领域的重大科技攻关项目为基础，总结了在精细油藏描述、注水方案设计、分层注水工艺、动态监测技术及精细生产管理等五大方面取得的最新研究成果，不仅是对已取得的技术成果和实践经验的总结，也将对今后注水技术开发的不断发展起到借鉴作用。

本书可供从事分层注水技术研究的科研人员及相关院校师生参考使用。

图书在版编目（CIP）数据

精细分层注水技术／王渝明主编．— 北京：石油
工业出版社，2019.7
（中国石油科技进展丛书.2006—2015年）
ISBN 978-7-5183-3383-7

Ⅰ．①精… Ⅱ．①王… Ⅲ．①分层注水 Ⅳ.
①TE357.6

中国版本图书馆CIP数据核字（2019）第092555号

出版发行：石油工业出版社
　　　　　（北京安定门外安华里2区1号楼　100011）
　　　　　网　址：www.petropub.com
　　　　　编辑部：（010）64523712　图书营销中心：（010）64523633
经　　销：全国新华书店
印　　刷：北京中石油彩色印刷有限责任公司

2019年7月第1版　2019年7月第1次印刷
787×1092毫米　开本：1/16　印张：13.75
字数：350千字

定价：120.00元
（如发现印装质量问题，我社图书营销中心负责调换）

《中国石油科技进展丛书（2006—2015年）》
编 委 会

主　任：王宜林

副主任：焦方正　喻宝才　孙龙德

主　编：孙龙德

副主编：匡立春　袁士义　隋　军　何盛宝　张卫国

编　委：（按姓氏笔画排序）

于建宁　马德胜　王　峰　王卫国　王立昕　王红庄

王雪松　王渝明　石　林　伍贤柱　刘　合　闫伦江

汤　林　汤天知　李　峰　李忠兴　李建忠　李雪辉

吴向红　邹才能　闵希华　宋少光　宋新民　张　玮

张　研　张　镇　张子鹏　张光亚　张志伟　陈和平

陈健峰　范子菲　范向红　罗　凯　金　鼎　周灿灿

周英操　周家尧　郑俊章　赵文智　钟太贤　姚根顺

贾爱林　钱锦华　徐英俊　凌心强　黄维和　章卫兵

程杰成　傅国友　温声明　谢正凯　雷　群　蔺爱国

撒利明　潘校华　穆龙新

专 家 组

成　员：刘振武　童晓光　高瑞祺　沈平平　苏义脑　孙　宁

高德利　王贤清　傅诚德　徐春明　黄新生　陆大卫

钱荣钧　邱中建　胡见义　吴　奇　顾家裕　孟纯绪

罗治斌　钟树德　接铭训

《精细分层注水技术》编写组

主　　编：王渝明

副 主 编：罗　凯　祝绍功　王凤山　徐德奎　李彦兴

编写人员：

杜庆龙　朱　焱　邓　刚　刘蕾蕾　刘崇江　朱振坤

金贤镐　陈立艳　王志强　宋兴良　马　强　刘向斌

王　鑫　郭　颖　张秀梅　王　力　岳庆峰　李　国

张玉坤　单　迪　佟　音　张伟超　金振东　刘军利

王　琦　李井慧　宗鹤鸣　汪丽丽　王洁春　陈　静

周宇鹏　王　超　王竞琦　王　琳　张晶涛　孙延波

王月英　赵　利　于德水　李庆松　魏　宇　邵　帅

魏丽影　霍正旺

序

习近平总书记指出，创新是引领发展的第一动力，是建设现代化经济体系的战略支撑，要瞄准世界科技前沿，拓展实施国家重大科技项目，突出关键共性技术、前沿引领技术、现代工程技术、颠覆性技术创新，建立以企业为主体、市场为导向、产学研深度融合的技术创新体系，加快建设创新型国家。

中国石油认真学习贯彻习近平总书记关于科技创新的一系列重要论述，把创新作为高质量发展的第一驱动力，围绕建设世界一流综合性国际能源公司的战略目标，坚持国家"自主创新、重点跨越、支撑发展、引领未来"的科技工作指导方针，贯彻公司"业务主导、自主创新、强化激励、开放共享"的科技发展理念，全力实施"优势领域持续保持领先、赶超领域跨越式提升、储备领域占领技术制高点"的科技创新三大工程。

"十一五"以来，尤其是"十二五"期间，中国石油坚持"主营业务战略驱动、发展目标导向、顶层设计"的科技工作思路，以国家科技重大专项为龙头、公司重大科技专项为抓手，取得一大批标志性成果，一批新技术实现规模化应用，一批超前储备技术获重要进展，创新能力大幅提升。为了全面系统总结这一时期中国石油在国家和公司层面形成的重大科研创新成果，强化成果的传承、宣传和推广，我们组织编写了《中国石油科技进展丛书（2006—2015年）》（以下简称《丛书》）。

《丛书》是中国石油重大科技成果的集中展示。近些年来，世界能源市场特别是油气市场供需格局发生了深刻变革，企业间围绕资源、市场、技术的竞争日趋激烈。油气资源勘探开发领域不断向低渗透、深层、海洋、非常规扩展，炼油加工资源劣质化、多元化趋势明显，化工新材料、新产品需求持续增长。国际社会更加关注气候变化，各国对生态环境保护、节能减排等方面的监管日益严格，对能源生产和消费的绿色清洁要求不断提高。面对新形势新挑战，能源企业必须将科技创新作为发展战略支点，持续提升自主创新能力，加快构筑竞争新优势。"十一五"以来,中国石油突破了一批制约主营业务发展的关键技术,多项重要技术与产品填补空白,多项重大装备与软件满足国内外生产急需。截至2015年底,共获得国家科技奖励30项、获得授权专利17813项。《丛书》全面系统地梳理了中国石油"十一五""十二五"期间各专业领域基础研究、技术开发、技术应用中取得的主要创新性成果,总结了中国石油科技创新的成功经验。

《丛书》是中国石油科技发展辉煌历史的高度凝练。中国石油的发展史,就是一部创业创新的历史。建国初期,我国石油工业基础十分薄弱,20世纪50年代以来,随着陆相生油理论和勘探技术的突破,成功发现和开发建设了大庆油田,使我国一举甩掉贫油的帽子;此后随着海相碳酸盐岩、岩性地层理论的创新发展和开发技术的进步,又陆续发现和建成了一批大中型油气田。在炼油化工方面,"五朵金花"炼化技术的开发成功打破了国外技术封锁,相继建成了一个又一个炼化企业,实现了炼化业务的不断发展壮大。重组改制后特别是"十二五"以来,我们将"创新"纳入公司总体发展战略,着力强化创新引领,这是中国石油在深入贯彻落实中央精神、系统总结"十二五"发展经验基础上、根据形势变化和公司发展需要作出的重要战略决策,意义重大而深远。《丛书》从石油地质、物探、测井、钻完井、采油、油气藏工程、提高采收率、地面工程、井下作业、油气储运、石油炼制、石油化工、安全环保、海外油气勘探开发和非常规油气勘探开发等15个方面,记述了中国石油艰难曲折的理论创新、科技进步、推广应用的历史。它的出版真实反映了一个时期中国石油科技工作者百折不挠、顽强拼搏、敢于创新的科学精神,弘扬了中国石油科技人员秉承"我为祖国献石油"的核心价值观和"三老四严"的工作作风。

《丛书》是广大科技工作者的交流平台。创新驱动的实质是人才驱动,人才是创新的第一资源。中国石油拥有21名院士、3万多名科研人员和1.6万名信息技术人员,星光璀璨、人文荟萃、成果斐然。这是我们宝贵的人才资源。我们始终致力于抓好人才培养、引进、使用三个关键环节,打造一支数量充足、结构合理、素质优良的创新型人才队伍。《丛书》的出版搭建了一个展示交流的有形化平台,丰富了中国石油科技知识共享体系,对于科技管理人员系统掌握科技发展情况,做出科学规划和决策具有重要参考价值。同时,便于科研工作者全面把握本领域技术进展现状，准确了解学科前沿技术，明确学科发展方向，更好地指导生产与科研工作，对于提高中国石油科技创新的整体水平，加强科技成果宣传和推广，也具有十分重要的意义。

掩卷沉思，深感创新艰难、良作难得。《丛书》的编写出版是一项规模宏大的科技创新历史编纂工程，参与编写的单位有 60 多家，参加编写的科技人员有 1000 多人，参加审稿的专家学者有 200 多人次。自编写工作启动以来，中国石油党组对这项浩大的出版工程始终非常重视和关注。我高兴地看到，两年来，在各编写单位的精心组织下，在广大科研人员的辛勤付出下，《丛书》得以高质量出版。在此，我真诚地感谢所有参与《丛书》组织、研究、编写、出版工作的广大科技工作者和参编人员，真切地希望这套《丛书》能成为广大科技管理人员和科研工作者的案头必备图书，为中国石油整体科技创新水平的提升发挥应有的作用。我们要以习近平新时代中国特色社会主义思想为指引，认真贯彻落实党中央、国务院的决策部署，坚定信心、改革攻坚，以奋发有为的精神状态、卓有成效的创新成果，不断开创中国石油稳健发展新局面，高质量建设世界一流综合性国际能源公司，为国家推动能源革命和全面建成小康社会作出新贡献。

2018 年 12 月

丛书前言

　　石油工业的发展史，就是一部科技创新史。"十一五"以来尤其是"十二五"期间，中国石油进一步加大理论创新和各类新技术、新材料的研发与应用，科技贡献率进一步提高，引领和推动了可持续跨越发展。

　　十余年来，中国石油以国家科技发展规划为统领，坚持国家"自主创新、重点跨越、支撑发展、引领未来"的科技工作指导方针，贯彻公司"主营业务战略驱动、发展目标导向、顶层设计"的科技工作思路，实施"优势领域持续保持领先、赶超领域跨越式提升、储备领域占领技术制高点"科技创新三大工程；以国家重大专项为龙头，以公司重大科技专项为核心，以重大现场试验为抓手，按照"超前储备、技术攻关、试验配套与推广"三个层次，紧紧围绕建设世界一流综合性国际能源公司目标，组织开展了50个重大科技项目，取得一批重大成果和重要突破。

　　形成40项标志性成果。（1）勘探开发领域：创新发展了深层古老碳酸盐岩、冲断带深层天然气、高原咸化湖盆等地质理论与勘探配套技术，特高含水油田提高采收率技术，低渗透/特低渗透油气田勘探开发理论与配套技术，稠油/超稠油蒸汽驱开采等核心技术，全球资源评价、被动裂谷盆地石油地质理论及勘探、大型碳酸盐岩油气田开发等核心技术。（2）炼油化工领域：创新发展了清洁汽柴油生产、劣质重油加工和环烷基稠油深加工、炼化主体系列催化剂、高附加值聚烯烃和橡胶新产品等技术，千万吨级炼厂、百万吨级乙烯、大氮肥等成套技术。（3）油气储运领域：研发了高钢级大口径天然气管道建设和管网集中调控运行技术、大功率电驱和燃驱压缩机组等16大类国产化管道装备，大型天然气液化工艺和20万立方米低温储罐建设技术。（4）工程技术与装备领域：研发了G3i大型地震仪等核心装备，"两宽一高"地震勘探技术，快速与成像测井装备、大型复杂储层测井处理解释一体化软件等，8000米超深井钻机及9000米四单根立柱钻机等重大装备。（5）安全环保与节能节水领域：

研发了 CO_2 驱油与埋存、钻井液不落地、炼化能量系统优化、烟气脱硫脱硝、挥发性有机物综合管控等核心技术。（6）非常规油气与新能源领域：创新发展了致密油气成藏地质理论，致密气田规模效益开发模式，中低煤阶煤层气勘探理论和开采技术，页岩气勘探开发关键工艺与工具等。

取得 15 项重要进展。（1）上游领域：连续型油气聚集理论和含油气盆地全过程模拟技术创新发展，非常规资源评价与有效动用配套技术初步成型，纳米智能驱油二氧化硅载体制备方法研发形成，稠油火驱技术攻关和试验获得重大突破，井下油水分离同井注采技术系统可靠性、稳定性进一步提高；（2）下游领域：自主研发的新一代炼化催化材料及绿色制备技术、苯甲醇烷基化和甲醇制烯烃芳烃等碳一化工新技术等。

这些创新成果，有力支撑了中国石油的生产经营和各项业务快速发展。为了全面系统反映中国石油 2006—2015 年科技发展和创新成果，总结成功经验，提高整体水平，加强科技成果宣传推广、传承和传播，中国石油决定组织编写《中国石油科技进展丛书（2006—2015 年）》（以下简称《丛书》）。

《丛书》编写工作在编委会统一组织下实施。中国石油集团董事长王宜林担任编委会主任。参与编写的单位有 60 多家，参加编写的科技人员 1000 多人，参加审稿的专家学者 200 多人次。《丛书》各分册编写由相关行政单位牵头，集合学术带头人、知名专家和有学术影响的技术人员组成编写团队。《丛书》编写始终坚持：一是突出站位高度，从石油工业战略发展出发，体现中国石油的最新成果；二是突出组织领导，各单位高度重视，每个分册成立编写组，确保组织架构落实有效；三是突出编写水平，集中一大批高水平专家，基本代表各个专业领域的最高水平；四是突出《丛书》质量，各分册完成初稿后，由编写单位和科技管理部共同推荐审稿专家对稿件审查把关，确保书稿质量。

《丛书》全面系统反映中国石油 2006—2015 年取得的标志性重大科技创新成果，重点突出"十二五"，兼顾"十一五"，以科技计划为基础，以重大研究项目和攻关项目为重点内容。丛书各分册既有重点成果，又形成相对完整的知识体系，具有以下显著特点：一是继承性。《丛书》是《中国石油"十五"科技进展丛书》的延续和发展，凸显中国石油一以贯之的科技发展脉络。二是完整性。《丛书》涵盖中国石油所有科技领域进展，全面反映科技创新成果。三是标志性。《丛书》在综合记述各领域科技发展成果基础上，突出中国石油领先、高端、前沿的标志性重大科技成果，是核心竞争力的集中展示。四是创新性。《丛书》全面梳理中国石油自主创新科技成果，总结成功经验，有助于提高科技创新整体水平。五是前瞻性。《丛书》设置专门章节对世界石油科技中长期发展做出基本预测，有助于石油工业管理者和科技工作者全面了解产业前沿、把握发展机遇。

《丛书》将中国石油技术体系按 15 个领域进行成果梳理、凝练提升、系统总结，以领域进展和重点专著两个层次的组合模式组织出版，形成专有技术集成和知识共享体系。其中，领域进展图书，综述各领域的科技进展与展望，对技术领域进行全覆盖，包括石油地质、物探、测井、钻完井、采油、油气藏工程、提高采收率、地面工程、井下作业、油气储运、石油炼制、石油化工、安全环保节能、海外油气勘探开发和非常规油气勘探开发等 15 个领域。31 部重点专著图书反映了各领域的重大标志性成果，突出专业深度和学术水平。

《丛书》的组织编写和出版工作任务量浩大，自 2016 年启动以来，得到了中国石油天然气集团公司党组的高度重视。王宜林董事长对《丛书》出版做了重要批示。在两年多的时间里，编委会组织各分册编写人员，在科研和生产任务十分紧张的情况下，高质量高标准完成了《丛书》的编写工作。在集团公司科技管理部的统一安排下，各分册编写组在完成分册稿件的编写后，进行了多轮次的内部和外部专家审稿，最终达到出版要求。石油工业出版社组织一流的编辑出版力量，将《丛书》打造成精品图书。值此《丛书》出版之际，对所有参与这项工作的院士、专家、科研人员、科技管理人员及出版工作者的辛勤工作表示衷心感谢。

人类总是在不断地创新、总结和进步。这套丛书是对中国石油 2006—2015 年主要科技创新活动的集中总结和凝练。也由于时间、人力和能力等方面原因，还有许多进展和成果不可能充分全面地吸收到《丛书》中来。我们期盼有更多的科技创新成果不断地出版发行，期望《丛书》对石油行业的同行们起到借鉴学习作用，希望广大科技工作者多提宝贵意见，使中国石油今后的科技创新工作得到更好的总结提升。

2018 年 12 月

前 言

在一个新油田投入开发时，合理确定油田保持能量的方式和时机是科学开发油田的重要内容，注水是补充地层能量的主要方式。对于陆相非均质、多油层油藏来说，其层间、平面和层内渗流特性上存在着明显差异，从而决定了要提高这类油藏的水驱开发效果，必须采取分层注水的方式，以提高各类储层的动用程度。

分层注水工作的好坏对各类油层的动用程度起着重要作用，在很大程度上决定了油田的采油速度，是油田控制递减和含水上升速度的关键技术。在50多年的开发实践中，针对不同阶段的开发矛盾，发展形成了一系列的分层注水工艺技术。随着油田进入高含水开发后期，开采对象由主力油层转向薄差油层，水驱"精细挖潜技术"成为保稳产的有效战略，通过解决层段增多带来的小卡距、小隔层、管柱解封力大及测调难度加大等一系列问题，实现"加密测调周期、细分注水层段"的顺利实施。

"十二五"期间，采油工程在分层注水领域实现了跨越式的发展，在完成了以桥式偏心分层注水、多级细分及高效测调为代表的第三代注水技术的完善及规模化应用的同时，进行了以智能分层注水技术为核心的第四代分层注水技术的攻关，为进一步提高分层注水合格率，并为油田向数字化、智能化方向发展奠定基础。

在油田多部门领导的支持下，成立了《精细分层注水技术》编写组，由王渝明任主编，罗凯、祝绍功、王凤山、徐德奎、李彦兴任副主编，确定了本书的基本框架和编写思路，并对各章节写作人员进行了分工，确定了各章节负责人和执笔专家。初稿完成后，中国石油天然气集团有限公司科技管理部领导及石油工业出版社相关专家听取了本书编写内容汇报，并提出了宝贵意见和建议。

本书共设置九章，主要内容充分吸纳了中国石油在注水开发方面取得的主要进展，总结了在精细油藏描述、注水方案设计、分层注水工艺、动态监测技术及精细生产管理等五大方面取得的最新研究成果，不仅是对已取得的技术成果和实践经验的总结，也将对今后注水技术开发的不断发展起到借鉴作用。各章节具体编写分工如下：第一章由张秀梅负责编写；第二章由杜庆龙、王志强、于德水、邵帅、魏丽影、霍正旺负责编写，王志强统稿；第三章由朱焱、张晶涛、孙延波负责编写，陈立艳统稿；第四章由朱振坤、郭颖、王琳、陈静、李井慧、王超负责编写，郭颖统稿；第五章由岳庆峰、张玉坤、王琦、张伟超、金振东、汪丽丽负责编写，朱振坤统稿；第六章由刘向斌、王鑫、王力、李国、李庆松、魏宇负责编写，王力统稿；第七章由金贤镐、陈立艳、王月英、赵利负责编写，陈立艳统稿；第八章由邓刚、刘蕾蕾、单迪、宗鹤鸣、周宇鹏、王竞琦负责编写，周宇鹏统稿；第九章由刘崇江、宋兴良、马强、佟音、刘军利、王洁春负责编写，朱振坤统稿。全书由朱振坤、郭颖统稿。

本书是在中国石油天然气集团有限公司科技管理部的支持下完成的，同时中国石油勘探开发研究院、中国石油长庆油田分公司及许多采油工程业内专家也对本书的编写工作给予了大力支持和帮助，在此表示衷心的感谢。

由于本书专业技术性强、涉及面广，加之笔者水平有限，书中难免存在不妥和疏漏之处，敬请广大读者批评指正。

目 录

第一章 绪论 ·· 1

　第一节 精细分层注水的主要做法 ·· 1

　第二节 精细分层注水实践 ·· 3

　参考文献 ·· 10

第二章 精细油藏描述 ··· 11

　第一节 井震结合精细构造描述技术 ·· 11

　第二节 细分沉积微相研究技术 ·· 12

　第三节 剩余油描述技术 ·· 16

　第四节 相控储层地质建模技术 ·· 18

　参考文献 ·· 21

第三章 精细分层注水方案设计 ·· 22

　第一节 精细分层注水方案设计依据 ··· 22

　第二节 精细分层注水方案设计方法 ··· 34

　第三节 注水开发调整方法 ·· 43

　参考文献 ·· 60

第四章 桥式偏心分层注水工艺 ·· 61

　第一节 分注及测试工艺原理 ··· 61

　第二节 多级细分注水技术 ·· 72

　第三节 注水井高效测调工艺 ··· 76

　参考文献 ·· 98

第五章 桥式同心分层注水工艺 ·· 100

　第一节 桥式同心工艺管柱 ·· 100

　第二节 桥式同心测调工艺 ·· 104

第三节　技术特点及应用情况 ……………………………………… 114

参考文献 ………………………………………………………… 115

第六章　化学分注、增注工艺 …………………………………… 116

第一节　不排液酸化技术 ………………………………………… 116

第二节　注水井调剖技术 ………………………………………… 120

参考文献 ………………………………………………………… 130

第七章　动态监测技术 …………………………………………… 131

第一节　开发单元动态监测 ……………………………………… 131

第二节　分层动用状况监测 ……………………………………… 132

第三节　开发检查井动态监测 …………………………………… 137

参考文献 ………………………………………………………… 139

第八章　精细生产管理 …………………………………………… 140

第一节　注水井生产管理 ………………………………………… 140

第二节　采出水处理站及注水站管理 …………………………… 147

第三节　采出水回注水质管理 …………………………………… 153

参考文献 ………………………………………………………… 157

第九章　精细分层注水技术展望 ………………………………… 158

第一节　固定可充电式分层注水全过程连续监测和自动控制技术 …… 158

第二节　偏心可投捞式分层注水全过程连续监测和自动控制技术 …… 175

第三节　预置电缆式分层注水全过程实时监测和自动控制技术 …… 185

参考文献 ………………………………………………………… 202

第一章 绪 论

注水开发是油田开发最简便、最经济、最具潜力的技术，精细分层注水是注水开发油田高效开发的核心。目前中国陆上油田 80% 采用注水开发方式，精细分层注水技术与管理水平决定了油田开发效益和最终采收率，更是未来持续发展的关键。以大庆油田和长庆油田为代表的注水开发油田在多年的开发实践中，一直高度重视分层注水工作，在各开发阶段都发挥了重要作用。随着老油田进入高含水开发期，针对油藏地质特点及开发过程中出现的矛盾和问题，利用地质认识的深化和工艺技术的进步，逐步发展形成了"精细、优质、高效"的精细分层注水技术，包括油藏工程、采油工程、地面工程及现场管理等方面在内的系列配套技术和管理方法，使油田注水质量不断提高，开发效果不断改善。

第一节 精细分层注水的主要做法

油田精细分层注水的主要做法可以概括为精细油藏描述、精细分层注水方案设计、精细分层注水工艺、精细注水动态监测和精细生产管理五个方面。其中，精细油藏描述是基础，通过井震结合构造描述、单砂体及内部构型定量表征、多学科一体化数值模拟等技术手段，实现对构造、储层及剩余油更小尺度的精细刻画。精细分层注水方案设计和精细分层注水工艺是手段，通过注水井细分注水，实现注采结构调整由定性到定量、由层间向层内的转变，提高油层动用程度，有效挖掘不同类型剩余油。精细注水动态监测和精细生产管理是保障，通过构建规范、高效的管理体系，促进油田生产管理水平稳步提升，保证精细挖潜工作的顺利实施。

一、精细油藏描述技术[1]

精细油藏描述技术指油田开发进入高含水期、特高含水期后，剩余油高度分散，为了搞清剩余油分布，挖掘油层潜力，提高最终采收率，对油藏构造、沉积相、非均质性、空间结构、渗流特征等进行更细致、更深入的研究和描述。在目前技术条件下，要求做到：构造等高线要精细到 5m；要划出断距 5m、长度 100m 的断层；要划分出 0.2m 的夹层；在垂向上将油层细分成单层；沉积相要细分到四级相和五级相；要确定出渗流和水淹特征相同的流动单元；要搞清储层空间结构和渗流特征变化；建立精细的预测模型，最后确定出剩余油的分布等。

二、精细分层注水方案设计

编制好精细分层注水方案对发挥好人工补充能量的驱油作用，保持合理油藏压力，改善油田开发效果，实现油田可持续发展具有十分重要的意义。方案设计要注重工艺的实用性、配套性、操作性和安全性，保证油田高水平开发。

（1）以油藏地质和油藏工程研究为基础，紧密结合油田开发指标要求，选择合适的注水方式和注水工艺。

（2）以精细分层注水工艺理论研究、室内实验和现场试验为依据，考虑测试调配、管柱密封、防腐防垢、安全环保等要求，注重注水工艺技术的成熟、配套，优选适应性好的注水工艺，确保管柱安全寿命，提高工艺适应性。

（3）以精细分层注水工艺适应性、前期工艺试验效果和设备注水能力为前提，满足不同介质注入的生产需要，保证油田开发全过程正常生产。注水工艺和设备注水能力能够满足油田不同井发阶段正常生产的要求。

以满足油田开发指标要求配注为目标，对注水能力不能满足配注要求的井，应采取有效增注（如压裂、酸化、调剖等）措施。

（4）以搞好开发全过程中的油层保护为重点，注重油层保护、环境保护和安全施工等设计工作。

（5）以油藏工程、钻井工程和地面工程的衔接为关键，确保方案设计的统一性和完整性。

三、精细分层注水工艺[2]

精细分层注水工艺是精细分层注水系统中最重要的组成部分，具有承上启下的作用，既要保证注水井配注方案的有效实施，也要为后续的日常管理、作业施工、测试调配等提供可靠的技术保障。

精细分层注水工艺是保证分层配水的先决条件，在设计时要满足以下五项基本需求。

（1）能细分，满足地质方案设计的分层注水需求。

（2）保密封，注水管柱要适应各种井下复杂条件。

（3）利测调，通过注水工艺管柱能够准确测试调配。

（4）可洗井，注水管柱及配套工具具备洗井功能。

（5）易解封，满足作业设备最大负荷解封管柱的要求。

四、精细注水动态监测[2]

动态监测是油田注水开发过程中的一项重要的基础工作，它为油田开发工作者认识油藏动态变化、制订开发方案提供了大量的第一手资料。

大庆油田根据开发需要，形成了水驱注入剖面测井技术、高含水井产出剖面测井技术等一系列比较成熟的动态监测新技术。

注入剖面测井的主要作用是了解注入液的去向、各层的注入量，分析注入液是否按设计方案注入地层。针对分层注水井，国内主要采用放射性同位素载体示踪法测量注入剖面。该方法向井内注入与水密度接近的放射性同位素载体微粒，在注入前、后分别进行伽马测井，小层注水量与滤积在井壁上的同位素量以及同位素的放射性强度成正比。

产出剖面测井的目的，是确定每个射孔层段产出流体的流量和性质，为分析井下各层段生产动态提供资料。

五、精细生产管理[2,3]

注水管理是油田生产管理的一部分，是保证油田开发效果的基础工作，是油田开发方案实施的重要环节，管理水平的高低直接影响油田的开发效果，注水管理是在科学制订注水方案的前提下，在设备满足要求和水质达标的基础上，应用技术和管理手段，按照系统管理思路，围绕运行、质量等方面，更好地实施注水方案，并为开发决策提供相关资料。精细生产管理是指从注水井配注方案实施至注水井日常生产阶段的管理，主要任务是以提高注水质量和管理效率为目标，包括水质管理、生产设施管理、作业管理、洗井管理、测试与调配管理、资料录取管理、注水合格率管理等环节。

加强注水过程管理和质量控制是实现"注够水、注好水、精细注水、有效注水"的必要保障。要从注水的源头抓起，精心编制配注方案、优化注采工艺、严格水质监控、强化注水井生产管理。从地下、井筒到地面全方位抓好单井、井组、区块和油田的全过程注水管理和注水效果分析评价，实时进行注水措施跟踪调控。同时加强注水管理制度建设。按照科学、高效、可控的原则建立和完善注水管理制度和技术标准，明确各级单位的管理责任，建立注水管理长效机制。

第二节 精细分层注水实践

一、大庆油田特高含水期"五个不等于"精细分层注水模式●

大庆油田面对特高含水期控递减的诸多难题，从"三个引领"（引领水驱技术发展、引领管理模式创新、引领开发水平提升）出发在长垣开辟了 12 个精细分层注水挖潜示范区（表 1-1），通过精细油藏描述、精细高效注水、精细措施挖潜、精细生产管理等"四个精细"工作的开展，实现了"产量不递减、含水不上升"的好效果，为实现"高效益、可持续、有保障"的油田持续稳产发展目标提供了保障。

表 1-1 大庆油田水驱精细挖潜示范区基本情况（2009 年底）

区　　块	含油面积 km²	地质储量 10⁴t	油水井数 口	年产油 10⁴t	年均含水率 %	两年老井自然递减率 %	两年老井综合递减率 %	采出程度 %
北一区断东高台子	25.3	7076.4	374	42.97	91.93	10.68	10.24	40.75
南八区	11.3	4142	403	25.18	92.71	7.93	6.6	53.74
北三西	18.5	7964.5	625	25.62	92.36	7.33	5.03	37.43
杏六区东部	9.7	3716.6	759	26	92.57	7.16	2.37	45.94
杏十区纯油区东部	7.5	2418.8	348	12.84	93.83	14.46	12.03	38.04
北北块一区	16.7	7244.6	513	29.08	94.43	6.2	5.41	35.53
葡北三断块	15.3	1298.5	168	6.99	93.61	10.2	4.25	34.32
升平油田	41.1	1848.7	488	8.8	65.78	16.19	15.6	16.71
萨高合采区	24.8	1142	338	9.67	72.52	21.37	18.69	16

● 资料来源于大庆油田有限责任公司《转变发展方式，提高开发水平，实现"高效益、可持续、有保障"的 4000 万吨稳产》，2011.8。

续表

区　块	含油面积 km²	地质储量 10⁴t	油水井数 口	年产油 10⁴t	年均含水率 %	两年老井 自然递减率 %	两年老井 综合递减率 %	采出程度 %
朝阳沟朝 55	9.5	591.5	170	2.42	45.86	10.34	−4.31	11.86
榆树林东 18	4.7	259	76	1.66	44.8	13.36	12.85	18.36
头台茂 11	10	660	150	3.87	72.52	17	14.81	15.33
合计	194.4	38362.7	4412	195.1	92.19	10.02	8.04	37.66

1. 示范区目标

采取技术与管理一体化、地上地下一体化等综合性措施实现。

（1）长垣老区 6 个示范区连续三年保持产量不降、含水不升。

（2）长垣外围 6 个示范区自然递减率减缓 3 个百分点，年均含水率三年少上升 2 个百分点。

2. 示范区创出新水平

通过大力实施"四个精细"，示范区创出了老油田精细高效开发的新水平，对全油田水驱开发起到了重要的引领作用。

（1）实现了示范区稳油控水目标（图 1-1）。

长垣 6 个示范区：产量不递减、含水率不升。两年老井自然递减率 4.24%，比 2009 年减缓 4.44 个百分点；年均综合含水率比 2009 年下降 0.09 个百分点。

外围 6 个示范区：两年老井自然递减率 11.06%，比 2009 年减缓 5.20 个百分点；年均综合含水率比 2009 年下降 1.36 个百分点。

（2）促进了精细分层注水技术换代升级。

依托示范区，大力发展并集成应用水驱精细分层注水配套技术，示范区共实施 6 段以上细分注水 258 口井，占示范区分层注水井的 20.8%，所占比例是全油田的 2 倍。

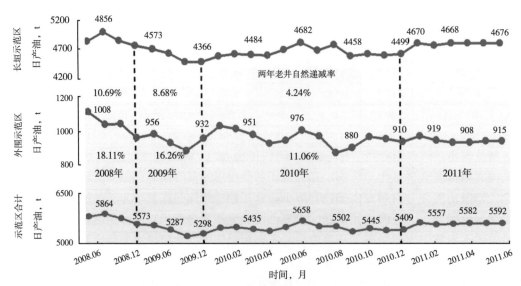

图 1-1　大庆油田水驱精细挖潜示范区日产油量变化曲线

（3）形成精细分层注水标准（表1-2），促进了精细分层注水管理水平提高。

表1-2 长垣油田各开发区块细分注水层段量化标准（砂岩吸水厚度比例>80%）

试验区块	南一区东块	南八区	北三西	杏一一三区西部乙块	杏九区西部	喇嘛甸油田中块	葡北一断块	永乐油田肇291区块	敖358-51区块	朝45区块
标准	"778"	"667"	"556"	"666"	"665"	"557"	"333"	"345"	"232"	"453"
层段内小层个数，个	7	6	5	6	6	5	3	3	2	4
渗透率变异系数	0.7	0.6	0.5	0.6	0.6	0.5	0.3	0.4	0.3	0.5
层段内砂岩厚度，m	8	7	6	6	5	7	3	5	2	3

（4）取得了较好的经济效益。

2010年，示范区全年直接成本投入10.02亿元，同比增加1.30亿元，与治理前相比，产量增加15.29×10^4t，单位增油成本15.37美元/bbl，总体实现增油效益4.43亿元，投入产出比1:4.4。

2011年，在总结示范区建设经验的基础上，又新开辟了12个推广区，整个示范区涵盖地质储量6.8×10^8t，占全油田水驱储量的15.4%，油水井7992口，年产油规模达到330×10^4t，推动了油田整体开发水平的持续提升，精细分层注水技术已在大庆油田全面推广应用。

二、长庆油田低渗透"超前温和注水"精细分层注水模式●

1. 精细注水调整，提高注水效果

深化"三分"精细注水技术（图1-2），不断细分注水单元、细化注水政策、精细注水调控。

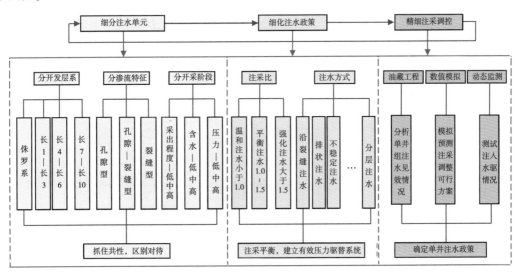

图1-2 "三分"精细注水技术解析

● 资料来源于中国石油长庆油田分公司《加强注水，夯实基础，不断提高油田开发水平——"油田开发基础年"工作总结》，2011.8。

按储渗单元划分注水单元，如图1-3、图1-4所示，力求更加精细，实现从宏观定性向微观定量的转变。储渗单元：即储集—渗流单元，在空间上具有相似的岩石物理性质、岩层特征（空间分布、内部结构、非均质特征等）和裂缝发育规律。

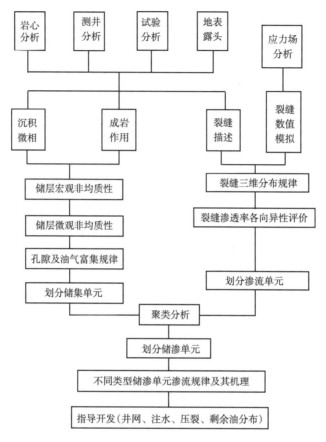

图1-3　特低渗透砂岩储层储渗单元研究框架图

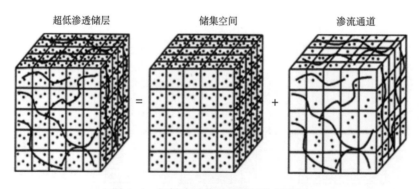

图1-4　超低渗透储层储渗结构示意图

分储层类型、开发阶段、见水见效特征制订相应精细注采调控稳产技术政策（表1-3）。

表 1-3 分类型分阶段精细注采调整技术政策表

开发阶段		储层类型	技术政策	应用条件	注采参数	增产机理
初期及低见效期	开发前	低渗透储层	超前注水	低渗透油藏实施超前注水,建立有效压力驱替系统	注水强度1.5	建立有效驱替系统
	开发初期	孔隙性储层	初期强化注水	渗透率低,应力敏感,见效程度及压力保持水平低	注水强度1.5~2.0	
	压力保持水平低、低产低效井	孔隙性储层	加强注水	见效程度低、单井产能低	注水强度1.5~2.0	
中低含水阶段		见效程度低、含水和采出程度低	理论计算与矿场统计相结合、优化注采参数,实施差异化油藏管理	加强注水	注水强度1.5~2.0;注采比1.2~1.5	提高注水见效程度,控制含水上升速度
		见效程度较高、含水和采出程度中等的孔隙型渗流单元		平衡注水(注采比保持在1.0左右)	注水强度1.5;注采比1.0	
		含水较高、采出程度较高的孔隙型渗流单元		控制注水(注采比0.8~1.0)	注水强度1.2~1.5;注采比0.8~1.0	
高含水阶段		孔隙性渗流单元	强脉冲注水	孔隙性好、地层压力保持水平相对较高	注6个月,停3个月	实现层间或不同孔隙间能量交换
		孔隙裂缝性储层	不稳定注水	孔渗性好,多为水下分流河道和河口坝,目前采出程度高,含水高	注水强度1.5~2.0	
		孔隙型渗流单元	改变液流方向	高含水、高采出程度渗流单元		改变液流方向和压力场
		裂缝性储层	沿裂缝强化注水	对裂缝性水淹油井转注形成排状注水	注水强度2.0~2.5	提高侧向油井水驱波及体积和见效程度
各开发阶段		强非均质储层	细分层系注水	多层合注合采井		减缓单层突进矛盾,提高水驱波及体积

2. 创新超前注水工作新方法

在大规模建设的过程中,为了全面落实超前注水技术,创新了"三超前、三优先"建设模式,进一步完善推广了"全注水井场+流动注水撬"放射状注水模式(图1-5、图1-6)。

特别是通过实施"超前预测开发规模、超前建设注水系统、超前建设供水系统"和"优先打注水井、优先建注水管线、优先投注水井"的"三超前、三优先"建设模式,每

图 1-5　纯注水井场（5 水+9 油）

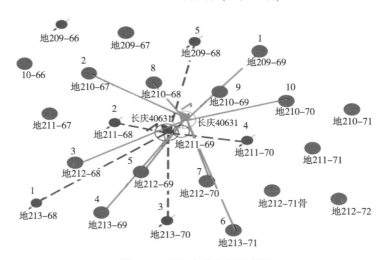

图 1-6　纯注水井井场示意图

年超前注水规模 400×10⁴t 以上，超前注水方案执行率达到 95% 以上。图 1-7 为长庆油田超前注水工作流程示意图。

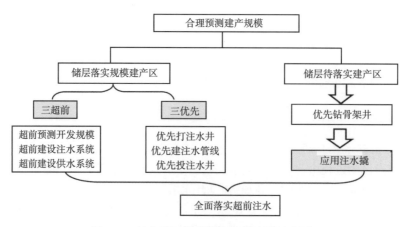

图 1-7　长庆油田超前注水工作流程示意图

3. 精细分层注水实例

2009 年以来，分别对安塞、西峰、姬塬、华庆等油田细分注水单元，全油田共新增注水单元 260 个，注水政策得到了进一步细化，针对性更强。图 1-8 为长庆油田细分注水单元统计柱状图。

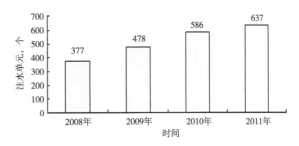

图 1-8　长庆油田细分注水单元统计柱状图

在细分注水单元的基础上，按照温和注水的思路，不断细化、优化注水政策。2009—2011 年，共调整 6791 个井组，见效油井 5604 口，年增油 10×10^4 t 以上。图 1-9 为长庆油田注水平面调整效果柱状图。

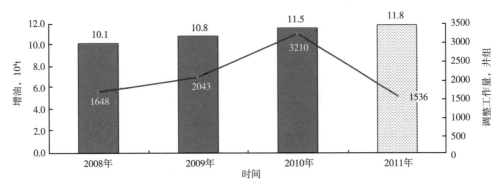

图 1-9　长庆油田注水平面调整效果柱状图

西峰油田白马中区注水单元由 2008 年的 3 个细分到目前 9 个，三年优化配注 256 个井组，新增见效油井 421 口，自然递减由 13.5% 降到 9.5%（图 1-10、图 1-11、图 1-12）。

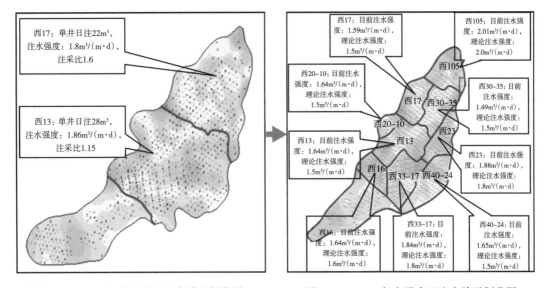

图 1-10　2008 年白马中区注水单元划分图　　　　图 1-11　2011 年白马中区注水单元划分图

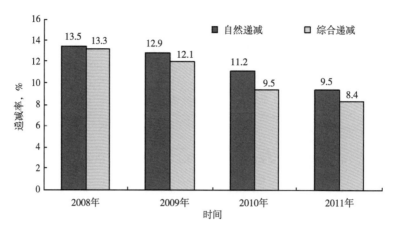

图1-12　白马中区递减指标对比情况

参 考 文 献

［1］叶庆全，袁敏．油气田开发常用名词解释（第三版）［M］．北京：石油工业出版社，2009．

［2］《油田注水开发技术与管理》编委会．油田注水开发技术与管理［M］．北京：石油工业出版社，2016.12.

［3］刘合．分层注水高效测调工艺技术及管理［M］．北京：石油工业出版社，2016.5.

第二章　精细油藏描述

大庆油田属于河流—三角洲沉积形成的陆相多层砂岩油田，层间、平面、层内矛盾均较严重，尤其是进入特高含水期之后，剩余油分布具有"整体分散、局部富集"的特点，挖潜难度大。在如此地质背景下，想要提高精细分层注水的针对性，必须深化油藏地质特征认识。

精细油藏描述是针对已开发油田的不同开发阶段，充分利用各阶段所取得的油藏静、动态资料，对油藏构造、储层、流体等开发地质特征做出现阶段的认识和评价[1-3]，最终量化剩余油分布并形成可视化的三维地质模型，能为油田开发调整和综合治理提供可靠的地质依据。

自中国石油天然气股份有限公司提出"规模化开展精细油藏描述工作"以来，大庆油田紧密围绕改善开发效果、提高采收率主题，按照"科学规划、精心组织、全面推进、深化研究、拓展应用"的工作方针，创新发展了储层表征、剩余油描述、地质建模及数值模拟等精细油藏描述技术。使构造研究由二维平面发展到三维可视化表征，储层描述由"模式绘图法"发展到层内结构界面刻画，地质建模由传统确定性或随机建模发展成独创的相控建模技术，剩余油描述实现了由定性半定量化到多学科集成定量化精细表征的质的飞跃。精细油藏描述的精细化，有力保障了油田注水质量的不断提高，实现了油田持续高效开发。

第一节　井震结合精细构造描述技术

精细构造解释是进行储集层分析的基础，只有建立合理的地层格架才能真实地反映储集层的分布规律，提高储集层描述的精度和可靠性[4]。此外，正向微构造和小断层遮挡形成的屋脊式构造是有利的剩余油富集区，精细研究油藏构造特征，可以指导调整井设计和部署，使油田开发调整取得比较好的效果。自 2006 年以来，大庆长垣先后开展了喇嘛甸油田 3D3C、萨尔图油田高密度 3D 地震资料采集、处理、解释，以及长垣南部老资料目标处理与解释[5-7]。按照"边研究、边应用、边完善"原则，基于区域地震解释成果进一步开展技术攻关，形成了密井网条件下井震结合精细构造描述技术流程，编制了 2 项油田公司级技术规范。研究成果指导油田开发规模化精细调整挖潜并见到显著效果。

一、井震结合精细构造解释技术

1. 基于标志层控制的快速时深转换

针对长垣油田井多、层多，人工制作合成地震记录工作量大、周期长、效率低的问题，根据波场传播理论，依据井震关系建立了整体速度场，实现了井断点数据自动批量深时转换，解决了逐井标定、逐层匹配、工作量巨大、费时费力的井震匹配难题。典型区块应用对比表明，快速时深转换后的断点与人工时深转换的断点位置吻合较好，可满足井震结合断层解释需求，求取时深关系效率提高 60 倍以上，构造解释工期缩短约 1/3，为大庆长垣油田实现井震结合精细构造解释推广"三年全覆盖"提供了技术保证。

2. 井断点引导多属性三维可视化断层综合解释

为提高断距 3m 左右低级序断层识别及复杂断块区断层解释的精度，攻关形成了井断点引导多属性三维可视化断层综合解释技术，解决了"构造属性体精细制作、井断点引导断层解释、三维可视化质控"三个关键技术点，实现了地震数据体、蚂蚁体、相干体等多属性与井断点信息三维集成可视化融合，有效提高了断距 3m 左右低级序断层识别精度，使断点组合率由 84% 提高到 94.3%。

二、井震结合整体构造建模技术

三维数字化模型是地质研究成果的综合体现。针对大庆长垣油田缺少整体构造格架模型控制、小区块模型成果缺少整体性和统一性，开展了整体构造建模方法研究，形成了整体构造建模技术流程，解决了密井网大区域、多油层组、多级序断层同步建模难题。

1. 五维聚类的断层自动拆分命名

针对区域地震解释未对断层进行逐条拆分命名、难以满足建模需求，采用五维聚类断层自动拆分，将地震解释断层的每条断棱映射为 5 维空间点进行聚类、判断其归属，实现了地震断层批量自动拆分。依据该方法完成了喇嘛甸、萨尔图地震工区目的层 726 条断层的自动拆分，断层自动拆分准确率达 90% 以上、提高效率 20 倍以上。

2. 基于"三角网格剖分插值"的多级序断层精细建模方法

一是通过设置断点归属距离参数，采用断点自动与人工归属相结合方法，对每条断层进行精细的井断点归属及断层精细建模。二是应用"三角网格剖分插值"，充分利用三角网格插值算法对不同曲面形态及交切处理灵活的优势，准确处理断层交切、层面和断层交切，使断层附近构造无网格畸变，保证了大区域、不同级序断层的整体统一建模精度。

3. 基于数据库的模型无缝拼接融合

针对区块间边界断层认识不一致、小区块模型成果不能有效整合利用的问题，采用模型数据库技术，以统一的整体模型数据库存储不同区块模型中断层及层位建模数据成果，并利用离散光滑插值方法对不同模型边界附近的层位及断层统一认识，有效整合了不同开发区块的构造模型成果，实现了不同模型数据成果的无缝拼接融合。

综合运用上述技术，全面完成了长垣油田喇嘛甸、萨尔图、杏树岗等 7 个油田面积 2567.7km² 共 8 个油层组级整体构造模型的建立，建模井数 62596 口、断层 1664 条，首次实现了长垣密井网条件下的整体构造三维数字化表征，统一了长垣全区的断层及构造特征认识，为断层附近潜力分析提供了依据。

第二节　细分沉积微相研究技术

在注水开发过程中，多油层非均质的油田，由于油层渗透率在纵向上和平面上的非均质性，注入水就沿着高渗透层或高渗透条带窜流，而中低渗透层和中低渗透区吸水很少。这样各类油层的生产能力不能得到充分的发挥，从而引起一系列的矛盾现象，归纳起来有三大矛盾。它们是影响注水效果和提高采收率的基本因素。要搞好精细注水，首先要进行储层沉积微相研究，分析油水运动的规律，正确认识三大矛盾。

油田沉积相研究的主要目的是提高油田开发效果，其研究范围着重于油田本身，并以储层为主要对象，从控制油水运动的角度出发，研究单元常常要划分到单一旋回层（成因单元），岩相要描述到单一成因砂体，并且要以砂体的几何形态、规模、连续性、连通状况及内部结构的详细描述为核心。这些特点与区域性的沉积相研究明显不同，为区别起见，称之为油田储层细分沉积相研究。

一、划相标志的选择

判断古代沉积环境的关键在于如何正确认识各种沉积特征的指相意义，以及如何优选各种有效指相标志。大庆油田根据坳陷湖盆大型河流—浅水叶状三角洲的沉积特点，选择泥质岩的颜色、岩性组合与旋回性、层理类型与沉积层序、生物化石与遗迹化石、特殊岩性与特殊矿物，以及特殊构造等沉积现象作为主要的和基本的划相标志，并以其综合沉积层序为主要定相依据，这些都属于传统的划相方法。在油田上更广泛应用的是以测井曲线的形态来划相，这也是近年来新出现的划相标志，测井曲线形态实质上反映了油层的沉积层序和旋回性质，它的优点是可以取得大量的资料，便于快速、直观地进行单井单层划相和平面上相的追溯对比。目前，大庆油田常用的有自然电位、视电阻率、微电极等 3 种测井曲线。

由于松辽大型浅水叶状三角洲沉积时地形十分平缓，上述所有划相标志在侧向上都是连续渐变的，很难给出任何两个相带之间的确切界线位置。在最初划分湖岸线及三角洲亚相带时，尝试了各种现代与传统的划相方法和指相标志，结果是几乎所有常用标志都不能精确地给出陆上与水下截然分开的湖岸线位置，总是存在一个相当宽阔的陆上与水下特征混杂的过渡带，其宽度常可达 20~30km 以上，以这样的标志去划分湖岸线和亚相带是远远不能满足油田开发需要的。因而意识到这可能是大型坳陷湖盆边缘极其平缓的斜坡和极浅水域这一独特的沉积条件造成的，在这样的沉积条件下，各种指相标志都会像其地形坡度一样，从陆地向湖盆缓慢地演变着，不可能出现断陷湖盆那样迅速的突变，何况浅水湖泊的岸线因季节性的水位变化也可以波及很宽的范围，然而，却从成因单元自然砂体的几何形态、方向性、连续性与分布组合面貌的分析中，清楚地看出各种沉积环境在侧向上的演变及其间的具体界线，从而较好地解决了湖岸线和亚相带的准确划分问题。正如一位外国专家指出的："如果作图单元是一个很小的时间—地层单位，它们就可以用来当作建立相或古地理格架的基础，这一点应当是所有地层研究的最终目的。"但是，这种划相标志只能在拥有大面积连续开发井网的地区才能获得。

区域沉积相研究中常用的一些划相标志，如地球化学标志、微体古生物标志、岩矿标志、地层等厚图、砂泥比值图，以及用数理统计方法所表现的颗粒结构特征（如 *C—M* 图、概率曲线、结构参数散布图……）等，在油田的有限范围内，均不能精细地反映出相的侧向演变特征，因此不能作为主要的划相标志。实际上，国内外常用的划相标志也多为少数几种。

二、湖岸线及亚相带划分方法

由于不同相和亚相带具有不同的砂体组合与平面非均质特征，因此，从油田开发的角度来讲，必须准确地识别出每一期河流—三角洲沉积的亚相和微相分布状况，进而判定成因类型和非均质特征，以指导油田的开发实践。而每一期河流—三角洲沉积推进到最后时刻的湖岸线（或带）位置，则是成因单元内亚相带划分必须解决的首要问题，这一界线确定之后，其上游的陆地沉积区自然就是河流的泛滥平原—三角洲分流平原相，向湖中伸展的部分便是三角洲的内、外前缘相与前三角洲—湖相，而其侧翼则是三角洲间湖湾和其他三角洲伴生相。

研究发现，随着沉积条件的频繁变化，每期三角洲中的骨架砂体都会表现出不同的沉积模式，尤其是三角洲内前缘相。因此，在应用砂体几何形态与分布组合面貌划分湖岸线和亚相带时也必须具体对待。

（1）在湖盆边缘水体较深、基本处于常年水域覆盖的坨状三角洲沉积中，把上游端连续的条带状河道砂体与大片泥质岩沉积组合区划为分流平原相，而与之毗邻的大面积席状砂开始出现的位置则为湖岸线所在；在湖岸线以下，则把河口区与大量豆英状、坨状水下分流河道沉积的厚砂体密切共生的席状砂与远离湖岸线、类型单一的席状砂之分界线作为三角洲内、外前缘相的分界线。

（2）在湖盆边缘水体极浅、常常季节性干涸的枝状三角洲沉积中，把上游发育良好的连续条带状河道砂与其下游窄小面断续分布的河道砂的交界处定为湖岸线；在湖岸线以下，把与断续状河道砂相毗邻的大面积席状砂开始出现的位置定为这类三角洲内、外前缘相的分界线。

（3）在过渡状三角洲沉积中，把上游发育良好的连续条带状河道砂与河道砂开始断续成豆荚状、并出现大面积错叠连片状薄层粉砂岩和泥质粉砂岩的交界处定为湖岸线；而把豆荚状河道砂基本消失、错叠连片状薄层粉砂岩和泥质粉砂岩演化为相对稳定的粉—细砂岩席状砂的位置作为该类三角洲内、外前缘相的分界线。

（4）在破坏性席状三角洲沉积中，湖岸线的位置应以大面积薄层席状砂的出现为依据，以河道砂的尖灭线分出三角洲的内、外前缘相。

（5）在湖岸线向陆地显著凹进的三角洲间地区，大面积薄层席状砂、钙积层或泥质岩沉积区均可定为三角洲间湖湾亚相。

（6）在三角洲外前缘相的末端，可把前缘席状砂的最终尖灭线定为三角洲外前缘与前三角洲—半深湖相的分界线。

在陆上沉积环境中，当发现大量分流河道砂明显向上汇聚或砂体数目显著变少、规模迅速变大的地方可视为分流点，从而划分出河流的泛滥平原与三角洲的分流平原之界线；如无上述清晰现象，统称为泛滥—分流平原相也无妨。

三、沉积微相与砂体成因类型确定方法

亚相带确定以后，其内部沉积微相的识别则是依据亚相带内各自然砂体及其间泥质岩的几何形态与分布组合状况，并参照相应的现代沉积模式来确定的。

依据单井主体砂岩测井曲线沉积类型所绘制的成因单元自然砂体分布图，虽然主要反映的是其所在沉积区小旋回的性质和砂体发育程度（砂层厚度和储层物性），但它们在很大程度上也反映了砂体的形成机制或微相类型（图 2-1）。如通常用以下代码。

A1 代表底部突变、具正旋回组合的厚层砂岩，它往往是主河道或河道主体带的沉积。

A2 代表底部突变、具正旋回组合的中厚层砂岩，它往往是河道边部、废弃河道或决口小河道沉积。

B1 代表顶部突变、具反旋回组合的厚层砂岩，它往往是沙坝主体带沉积。

B2 代表顶部突变、具反旋回组合的中厚层砂岩，它往往是沙坝边部或小型沙坝沉积。

C 代表各种薄层或薄互层状砂岩，其旋回性质或是不明显，或是可为各种旋回组合，它们往往属于各种席状砂沉积。

D 代表各种环境中的泥质岩沉积。

具不对称复合旋回组合的厚层、中厚层砂岩的沉积类型，可由其主体砂层的旋回性质来确定，如带反旋回底座的正旋回厚层、中厚层砂岩的沉积类型应该属于 A 型，带正旋回小帽的反旋回厚层、中厚层砂岩的沉积类型应该属于 B 型。

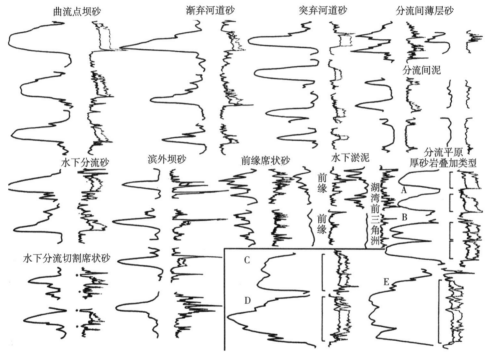

图 2-1　大型叶状三角洲测井曲线沉积类型

图中 A、B、C、D、E 反映分流河道砂岩相互切割—叠加程度的增加

A、B、C 各类沉积的厚度标准往往因相带和层位而异，通常是在同一亚相带内通过相互比较来确定（要同时比较砂岩的厚度和物性的好坏），大庆长垣油田的席状砂厚度通常小于 2.0m，坝状砂为 2~5m，河道砂为 2~10m。

当亚相带确定以后，仿照现代沉积模式，便可将各种自然砂体转换为相应的沉积微相或微相组合。如在分流平原相中，可将 A1、A2 类砂体定为分流河道微相（含决口水道微相），C 定为分流间薄层砂微相组合，D 定为分流间洼地微相。在三角洲内前缘相，如为枝状三角洲模式，则 A1、A2 类砂体可定为水下分流河道微相，C 视砂体形态可定为水下分流河道微相，亦可定为分流间薄层砂微相，D 仍定为分流间洼地微相；如为坨状或过渡状三角洲模式，则 A1、A2 可定为残留水下分流河道微相，B1、B2 可定为河口砂坝微相，

C可定为内前缘席状砂微相，D可定为内前缘淤积微相。在三角洲外前缘相，B1、B2可定为沙坝微相，C可定为外前缘席状砂微相，D则为外前缘淤积微相。在前三角洲—半深湖相中出现平行湖岸线分布的B1、B2或C类砂体，均可定为滨外坝微相。

在亚相带和沉积微相识别的基础上，进一步通过沉积层序、岩性组合特征、砂体的平面与剖面几何形态、规模及层内非均质特征的综合研究，结合沉积条件分析，应用现代沉积理论合理地确定各自然砂体的成因类型。通过系统地论证辫状河与曲流河沉积的重大区别，识别出砂质辫状河砂体与曲流河砂体；通过砂体几何形态（密井网地区可结合单砂体形态与废弃河道的形态）、宽度、连续性，以及沉积层序、岩性组合与层内非均质特征的综合分析，再结合沉积时河流宽度和曲率的估计，区分出高弯曲分流砂体、低弯曲分流砂体、顺直分流砂体和水下分流砂体；主要依据亚相带位置、微相类型和砂体几何形态确定了分流间砂体、三角洲内前缘席状砂体、外前缘席状砂体、沙坝砂体和滨外坝砂体。从而系统地建立起大型叶状三角洲的砂体成因类型，并依此开展砂体非均质特征与水淹特点的研究。

大庆长垣油田的储层细分沉积相研究方法，虽然来自坳陷湖盆大型浅水叶状三角洲沉积，但实践证明其基本的研究思路和工作方法，对任何一个三角洲沉积的砂岩油田来说都将是适用的，只是其中某些具体标准或划相标志的运用尚需因地制宜。

第三节　剩余油描述技术

剩余油是滞留在储层中未采出的原油，是油田开发调整的物质基础。大庆油田进入特高含水期后，三大矛盾加剧，面临着剩余油高度分散、挖潜难度加大、开发效果变差等突出问题。在此背景下，必须进行剩余油描述研究，以提高细分注水针对性，为进一步改善油藏开发效果奠定基础。剩余油描述技术主要包括岩心剩余油分析技术、水淹层测井解释技术、数值模拟技术及剩余油潜力定量评价技术等。

一、岩心剩余油分析技术

通过密闭取心岩心室内实验分析，获得真实的孔隙度、渗透率、饱和度等参数资料，落实储层动用状况、水洗特征和剩余油潜力，指导油田高效开发。其主要原理为，通过密闭取心工具并用密闭液保护获取不受钻井液冲刷、浸泡等影响的岩心，进行室内实验分析，应用原始饱和度确定、岩心降压脱气校正及水洗状况识别等一整套技术方法，获得真实的孔隙度、渗透率、饱和度等参数资料，落实储层动用状况、水洗特征、剩余油饱和度及其分布状态。通过饱和度差值计算达到驱油效率定量识别岩心水洗程度（分为强洗、中洗、弱洗、未洗4个水洗级别）的目标，要求岩心水洗状况识别精度达90%以上。岩心分析资料不受钻井液冲刷、浸泡等影响，具有直观、准确、快捷、高效的特点。

二、水淹层测井解释技术

针对水淹储层利用相应的测井技术系列建立起的测井解释方法称为水淹层测井解释技术，其主要目的是提供水淹储层相关静态参数，从而为剩余油评价提供基础数据。其主要技术原理为，以油藏条件下岩石物理实验研究为指导，在综合分析水淹层测井响应特征的基础上，基于孔隙结构特征分储层类型精细解释出储层参数，结合密闭取心资料、单层试油资料建立未、弱、中、高、特高 5 级水淹解释标准和含水率预测模型，实现水淹储层定性、定量解释。现阶段水淹层测井解释技术对厚层最小可细分到 0.2m 厚度进行水淹参数解释，对特高含水期油田可在高水淹储层中细分出特高水淹层，更有利于剩余油挖潜。

三、数值模拟技术

1. 水驱并行油藏模拟技术

具有分层注水模拟功能、支持矩形和角点网格的并行黑油油藏模拟技术。在 Linux 系统微机集群平台下，通过对串行模拟器进行区域分解、雅可比矩阵生成、井处理、线性求解器的构建、输入输出的处理等一系列并行化技术处理，以 MPI 应用软件为通信工具，调用 PETSc 构件求解大型、稀疏、非对称线性方程组，从而实现并行模拟。

并行模拟计算采用主从式并行策略（图 2-2），其中主进程承担输入、输出、井的处理和求解过程的控制等任务，从进程任务承担雅可比矩阵计算、形成线性系统、网格方程与井方程的耦合、解线性系统等任务。

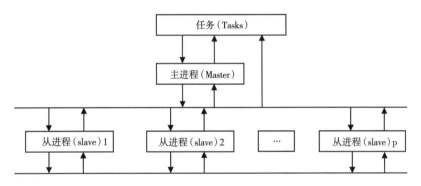

图 2-2　水驱模拟并行采用的主从式并行策略图

2. 低渗透油藏模拟技术

这是可描述非达西渗流特征、压敏效应的裂缝油藏模拟技术。建立并求解考虑低渗透油藏流体非达西渗流和变形介质的数学模型和数值差分模型，在裂缝模拟器上进行功能扩充，从而实现非达西渗流、压敏效应及裂缝一体化模拟功能，能描述启动压力梯度对渗流的影响，实现非达西渗流、压敏效应、裂缝油藏一体化模拟；支持达西和非达西渗流两种模式，其中非达西支持非线性、双线性和拟线性三种渗流描述模式，且可描述单一介质或双重介质。

3. 计算机辅助历史拟合技术

这是具有油藏敏感性分析、自动设置不确定性参数值、历史拟合质量评估等功能的辅助历史拟合软件，应用该软件后一定程度上减轻人工历史拟合劳动强度和提高历史拟合工作效率。以最优控制理论和人工智能方法为指导，开发参数标记工具实现历史拟合参数修改档案化，利用先进实验设计计算法生成不确定性参数样本，结合参数敏感性分析、容差分析、历史拟合质量评估结果，根据优化算法进一步确定合理的不确定性参数取值。图 2-3 为计算机辅助历史拟合软件 CAPHE 技术框架图。

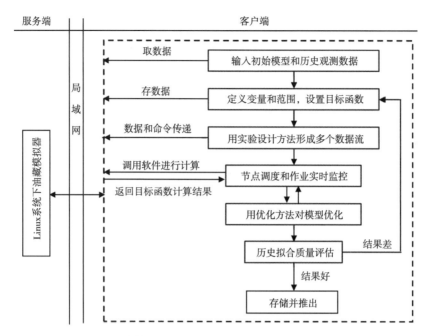

图 2-3　计算机辅助历史拟合软件 CAPHE 技术框架图

四、剩余油潜力定量评价技术

这是基于油水两相渗流理论和有效动用条件分析，发展形成的多层非均质砂岩油田剩余油潜力快速、定量评价方法。通过检查井资料建立不同沉积微相动用状况和注采井距的关系，形成基于沉积相控的注采关系定量评价方法，使注采关系评价更合理。水驱控制程度统计考虑了沉积相、油层非均质性的影响，以油井为中心、以夹角为依据计算受效方向，分不同井网、砂体厚度、沉积单元、沉积相对水驱控制程度进行精细评价。动用状况评价除了考虑油水井间的 kh 值，还考虑了油层非均质性、油水两相流时的渗流阻力，油水井间的注采压差、井距及生产措施等。基于沉积相控建立原始饱和度模型，依据注采关系评价和剩余油评价结果，逐井逐层确定断层边部、有采无注等 10 种剩余油类型，量化不同类型剩余油分布特征及潜力。

第四节　相控储层地质建模技术

大庆油田已经进入特高含水阶段，剩余油多分布在差、薄、边部位，开采难度增大。造成这种特点的主要原因是由于储层内部的各种非均质性及复杂的构造断层切割所致。传统的地质研究往往进行定性描述，或用二维描述地下三维储层及储层变化，掩盖了储层的空间非均质性。为搞清特高含水期地下剩余油分布规律和进一步提高开发水平，需要建立更加精细的三维地质模型。

目前在储层建模中多采用相控建模技术，即首先建立相模型，以相模型为控制建立参数分布模型。而在相和参数的两步建模实践中，多采用确定性—确定性（DD）或随机性—随机性（SS）的建模技术。大庆油田经过科研实践提出了确定性与随机方法综合建模

（DS）的思路，但只限于对微相的建模。因此，在资料不完备的条件下，对微相认识本身存在不确定性，采用 SS 的思路更有益于对不确定性和非均质的评价。本书探讨在油田开发后期，根据密井网、动态和静态信息资料丰富的特点，采用 DS 相控建模的思路建立精细参数分布模型的方法。

一、相控建模的思路

对于深度开发的成熟油田，其油藏描述已进入精细描述阶段，建立预测模型的精度要求可达到 100m×100m×0.1m，油田开发后期一般拥有丰富的动、静态资料。以大庆油田为典型的中国东部油田井距达到 100~200m，并拥有大量小井距和同井场资料（50~75m），以及各类测试与取心检查井资料。同时，经过多次的加密钻井及反复的地质研究，对储层的沉积模式、规模、成因特点都有了相对深入的认识。以大量动、静态资料为依据，采用沉积学分析方法建立微相或流动单元等相对宏观的地质单元分布模型是可行的。当从评价阶段转向生产阶段后，可以建立增加了大量确定性信息的精细模型。

另一方面，储层参数分布是输入数值模拟器的最终结果，其非均质性在现有资料条件下存在不确定性是客观现实，而油田开发后期对非均质性的表征结果要求更高，其油藏数值模拟结果将是进一步调整和三次采油方案的重要依据；对不确定性的评价更有合理预测方案风险性、科学决策性的基础，而储层的随机建模技术则可以满足上述表征的要求。因此，综合确定性与随机性方法可以发挥各自的优势，提高建模精度，其主要特点如下。

（1）应用了相控模型的思路，符合现代油藏表征的趋势和要求。

（2）根据成熟开发油田信息资料特点，采用沉积学分析建立微相模型有利于发挥地质家的经验、知识和技能，其结果将更好地发挥地质的约束作用，同时也更适合中国油藏描述的基础和实际。

（3）在相控基础上的参数随机建模可以提高整体建模精度，为非均质性表征和不确定性评价提供新手段。DS 相控建模的主要步骤和方法如下：①依据加密井网动、静态资料建立单层的时间单元确定性微相分布模型；②数值化沉积微相分布图，形成各单层时间单元沉积微相数值代码网格模型；③对微相分组，并统计各分组的参数分布，获取不同微相不同参数的"大于分布函数"$AF(X)$；④采用蒙特卡洛模拟方法建立相控参数分布模型。采用蒙特卡洛随机模拟网格生成相控参数，最终保持了井点与原始数据的一致性。同时，由于采用研究区密井距实际资料构建"大于分布函数"$AF(X)$，其模拟结果更接近于地下实际情况，并反映真实的非均质模型。

二、蒙特卡洛模拟方法原理

蒙特卡洛（Monte-Carlo）模拟方法是以概率论与数理统计理论为指导的通用统计学方法，它是通过不同分布的随机变量的抽样序列，模拟给定问题的概率统计模型，从而得到问题的渐近估计。

1. 经验分布函数

随机变量 x 的取值不大于实数的概率 $P(X \leqslant x)$ 为随机变量的分布函数，其表达式为：

$$F(x) = P(X \leqslant x) \tag{2-1}$$

实际应用中多采用随机变量 X 取值大于实数 x 的概率，记为：

$$AF(x) = P(X > x) = 1 - F(x) \tag{2-2}$$

经验函数的构建过程：首先将不同微相参数划分为不同的频率统计区间，统计 i 个频率区间的样品数，将各区间样品数除以样品总数得到经验分布函数 $f(i)$，其中 i 代表第 i 个区间。用式（2-3）和式（2-4）可分别计算得 $F(i)$ 和 $AF(i)$：

$$F(i) = \sum_{n=1}^{i} f(i) \tag{2-3}$$

$$AF(i) = 1 - F(i) \tag{2-4}$$

2. 蒙特卡洛参数模拟

模拟过程中，首先在 ［0，1］ 区间生成均匀分布的随机数 r_i，通过图 2-4 所示的经验分布函数过点 $(x_{\min}, r_i)$

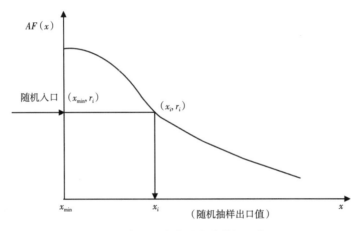

图 2-4　参数分布蒙特卡洛模拟示意图

作 x 轴的平行线交 $AF(x)$ 于点 (x_i, r_i)，x_i 即为随机变量的第 i 个抽样点。实际模拟过程中，首先调用形成的微相分布网络模型，将模拟的网格点的微相类型进行判别，其后调用该微相的参数分布函数进行蒙特卡洛模拟。重复上述过程，可以得到各网格节点上的参数值，建立相控参数发布模型。以不同的种子，可以生成不同的 ［0，1］ 区间随机数集，形成不同的模拟现实。

三、模型的意义

（1）随机预测模型精细地刻画了储层的非均质变化。确定性建模成果给出的是微相内相对均质的平滑预测结果。由于是在相控条件下的插值，在宏观上是符合地质规律的。但按精细油藏描述的要求，其表征成果忽略了众多小规模的非均质特征。而随机建模的多个实现表征了分流河道和决口河道内部厚度的凹凸变化。现代沉积调查、古代露头研究成果表明，各种碎屑岩储层在局部水动力条件影响下，仍在其不同部位形成了厚度不等的沉积物，而随机建模则表征了这种非均质性。

（2）随机建模提供了符合地下非均质构型的表征成果。由于采用了条件相控井间蒙特卡洛参数模拟，因此井点资料与地下实际情况是一致的。尽管在具体网格点上模拟的井间网格参数与地下砂体的分布不完全一致，但其分布、表征的非均质构型已能够反映地下砂体的非均质特征，其结果输入模拟器，经数值模拟将得到更接近于油藏实际的动态预测结果。

（3）基于成熟开发油田资料信息相对完备的统计分布函数，随机模拟结果能更接近地下实际情况。在随机建模的应用实践中，一些研究者曾提出采用露头类比建立地下随机预测模型的思路，但在油田自身缺乏露头的条件下，采用其他地方的露头定量参数进行类比将受到一定的限制。世界上不可能有完全相同的两个河流砂体，即使成因类型完全一致，异地得到的参数统计规律也不能完全代表研究区的具体特征。因此，在资料信息点足够大的条件下，采用研究区实际统计分布函数得到的模拟结果，更接近于真实的非均质构型。

（4）随机建模实现提供了表征不确定性的手段，多个实现源于同样的分布函数，并忠实于井点条件数据。多个实现表征的非均质构型是一致的，但其井间具体网格点的参数则有所不同，反映了地下砂体的不确定性，表征不确定性是相控随机参数建模的一个重要优势。

参 考 文 献

［1］贾爱林，郭建林，何东博. 精细油藏描述技术与发展方向［J］. 石油勘探与开发，2007，34（6）：691-695.

［2］王胜利，田世澄，蒋有兰. 论精细油藏描述［J］. 特种油气藏，2010，17（4）：6-9.

［3］穆龙新. 油藏描述的阶段性及特点［J］. 石油学报，2000，21（5）：103-108.

［4］张慧，谢传礼，王强，等. 精细构造解释技术在广利油田的应用［J］. 内蒙古石油化工，2014，40（14）：126-129.

［5］张婉婷. 三维地震资料精细构造解释在大庆长垣地区的应用［J］. 内蒙古石油化工，2011（4）：302-304.

［6］王西文. 精细地震解释技术在油田开发中后期的应用［J］. 石油勘探与开发，2004，31（6）：58-61.

［7］田静. 地震精细构造解释在大庆长垣 PB6 断块的应用实例［J］. 内蒙古石油化工，2013，39（5）：154-156.

第三章 精细分层注水方案设计

精细分层注水方案设计是以油出开发规划为依据，用丁组织年度生产计划的一项技术研究工作。方案设计要抓住年度油田开发主要矛盾和重点问题[1]，以改善注水开发效果为核心，在满足年度配产配注需求的前提下，本着"少投入、多产出"的原则，确定调整原则、做法和措施运行安排，努力改善开发效果，确保油田开发各项主要技术、经济指标的完成[2,3]。

第一节 精细分层注水方案设计依据

一、进行方案设计必须要研究的问题

实施精细分层注水方案设计，要围绕以下三方面问题开展研究。

（1）研究目前油田开发存在的问题，明确开发矛盾。

（2）研究各油层动用、水淹状况，明确开发潜力。

（3）研究开发调整做法，确定方案设计的指导思想和调整原则，安排措施工作量和各项开发指标的合理运行。

二、制定宏观水量调整依据

精细分层注水方案设计时，宏观注水量的调整幅度重点依据地层压力恢复速度，开展地层压力变化与注水增长幅度相关性的研究。

1. 定点拟合结果显示，压力变化与注水量变化率之间存在相关性

通过对水驱历年监测的有效数据点的注水量与地层压力之间的关系进行拟合（图3-1），在产液增幅在6%～8%范围内时，当注水量变化率低于10%，为油井地层压力非敏感期，无论静压变化率，还是绝对值，都变化不显著，当注水量变化率大于10%后，进入油井地层压力敏感期，无论静压变化率，还是绝对值都快速变化。

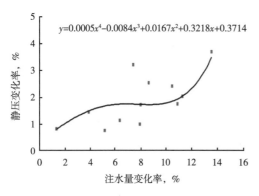
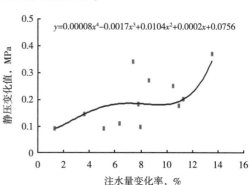

图3-1 注水量变化率与油井静压变化率（值）相关曲线图

2. 建立地层压力变化与注水增长幅度关系图版，可依据压力恢复速度确立水量调整幅度

以《大庆油田开发规划研究资料手册》为依据，将历史上各个区块不同时期的实际压力状况与水量增幅的关系进行统计分析，找出压力变化与水量增幅的相关性，建立地层压力变化与注水增长幅度关系图版（图3-2），应用图版计算出压力上升值与注水增长幅度对应关系，指导总体调整的水量控制。萨中水驱压力恢复0.5MPa水量增幅为13.08%。

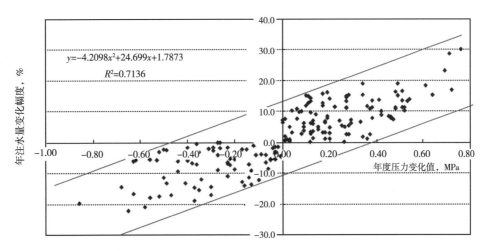

图3-2 萨中水驱地层压力变化与年注水量变化幅度关系图版

三、确立层段划分技术界限，完善以细分重组为重点的注水方案设计方法

精细分层注水方案设计，首先要确立精细层段划分标准，实现从经验定性划分向标准化定量划分转变，为了进一步量化层段划分标准，我们以萨中开发区为例，论述层段划分标准的确立。对萨中水驱有连续吸水剖面的1381口分层井、4832个注水层段的注水状况进行调查，统计不同动用程度的层段特征及相关技术参数，得出动用程度大于80%的特征认识。

1. 影响油层动用程度主要因素分析

1）层间非均质性对动用状况的影响

（1）渗透率级差是层段内最大渗透率与最小渗透的比值，是反映非均质程度的一项参数。

$$渗透率级差 = \frac{K_{max}}{K_{min}} \qquad (3-1)$$

式中　K_{max}——段内最大渗透率；

　　　K_{min}——段内最小渗透率。

但从图3-3看不出渗透率级差与砂岩动用厚度比例之间有明显的关系。

从渗透率级差公式可以看出，它只考虑了层段内最大渗透率与最小渗透率，而对其他层的渗透率没有统计分析。因此渗透率级差这项参数不能完整地反映非均质状况，对动用状况的影响没有规律性反应。例如，南一区丙西块二次加密井中92-238井和中82-斜242井（表3-1），选取的萨Ⅱ组两个注水层段的小层数、厚度、连通状况都较相近，从渗透率级差看，中92-238井SⅡ1-8段的渗透率级差为7.19，中82-斜242井的SⅡ1-4段的渗

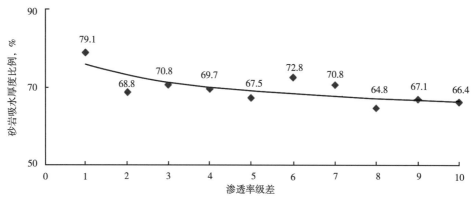

图 3-3 渗透率极差与砂岩吸水厚度比例关系曲线

透率级差为 7.13，两段渗透率级差相近，但两段的动用状况差异较大，分别为 63.3% 和 89.9%。两段的渗透率级差相近，但反映的只是最好渗透层与最差渗透层的差异，两段中其他小层的渗透率差异较大。中 92-238 井 SⅡ1-8 段 15 个小层中 5 个小层渗透率大于平均渗透率，层间干扰严重，因此动用状况较差；而中 82-斜 242 井 SⅡ1-4 段 14 个小层中 8 个小层渗透率大于平均渗透率，各小层发育都较好，因此动用状况较好。

表 3-1 中 92-238 与中 82-斜 242 井小层数据对比表

| #Z92-238 | | | | | | #Z82-S242 | | | | | |
层号	砂岩厚度 m	有效厚度 m	渗透率 D	渗透率级差	砂岩动用厚度比例 %	层号	砂岩厚度 m	有效厚度 m	渗透率 D	渗透率级差	砂岩动用厚度比例 %
SⅡ1A	0.7	0	0			SⅡ1A	0.2	0	0		
	0.4	0	0			SⅡ1B	0.3	0.3	0.08		
SⅡ1B	0.4	0	0		吸水层	SⅡ1C	0.2	0	0		
SⅡ1C	0.6	0	0		吸水层	SⅡ2B	0.7	0.2	0.48		吸水层
SⅡ2D	0.5	0	0		吸水层		0	0.3	0.48		吸水层
	0.4	0.4	0.128		吸水层		0.2	0	0		吸水层
SⅡ2E	1.4	0.6	0.489		吸水层	SⅡ2-3	2.5	0.1	0.57		吸水层
	0	0.6	0.2		吸水层		0	0.3	0.57		吸水层
SⅡ5+6A	0.6	0	0				0	0.7	0.57		吸水层
	1	0.2	0.068				0	0.4	0.57		吸水层
	0	0.2	0.128				0.3	0	0		吸水层
SⅡ5+6B	0.2	0	0			SⅡ3	1.1	0	0		吸水层
SⅡ8	1.7	0.2	0.378		吸水层	SⅡ4	1.4	0.3	0.27		吸水层
	0	0.2	0.378		吸水层		0	0.6	0.27		吸水层
	0	0.7	0.403		吸水层						
15	7.9	3.1	0.14	7.19	63.29	14	6.9	3.2	0.28	7.13	89.86

（2）层间变异系数是指统计层段内各油层渗透率的均方差与平均渗透率之比。渗透率变异系数值越大，说明层间非均质性越强。

$$\overline{K} = (h_1 k_1 + h_2 k_2 + \cdots + h_n k_n)/(h_1 + h_2 + \cdots + h_n) \tag{3-2}$$

式中　$\overline{K}$——平均渗透率；

　　　k_1，k_2，$\cdots$，k_n——各小层渗透率；

　　　h_1，h_2，$\cdots$，h_n——各小层有效厚度。

$$\sigma = \sqrt[2]{[(K_1 - \overline{K})^2 + (K_2 - \overline{K})^2 + \cdots + (K_n - \overline{K})^2]/n} \tag{3-3}$$

式中　σ——标准偏差；

　　　n——段内小层数。

$$K_v = \sigma / \overline{K} \tag{3-4}$$

式中　K_v——层间变异系数。

图 3-4 为层段内层间变异系数与砂岩动用厚度比例关系曲线，从图中可以看出，变异系数小于 0.5 时，层间差异较小，动用程度相近，砂岩吸水厚度比例能达到 72% 以上，曲线变化幅度小；当变异系数大于 0.5 时，层间非均质性强，随着层间变异系数的增大，动用厚度比例逐渐降低，规律性明显，变异系数大于 0.5 时，变异系数成为影响砂岩动用状况的主控因素。

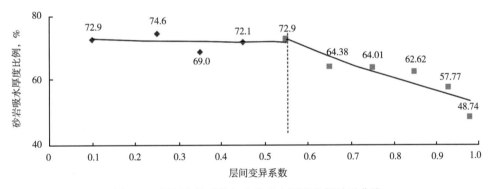

图 3-4　层间变异系数与砂岩吸水厚度比例关系曲线

（3）突进系数反映的是段内油层的均质程度，其值越大，层间非均质性越强。

$$单层突进系数 = K_{max}/\overline{K} \tag{3-5}$$

从图 3-5 突进系数与砂岩动用厚度比例关系曲线也可看出，随着突进系数的增加，砂岩动用厚度比例降低，突进系数大于 2.3 时，砂岩动用厚度比例低于 60%。

从变异系数、突进系数与砂岩动用厚度比例的关系可看出，曲线在一定范围内，规律性明显，可反映出分层段内的油层均质程度是影响油层动用程度的主要因素。根据理论公式所反映意义，变异系数均衡地考虑了每一个小层渗透率、有效厚度相对于平均状况下的波动状况，而突进系数重点考虑的是渗透性最好油层对层段整体状况的影响。

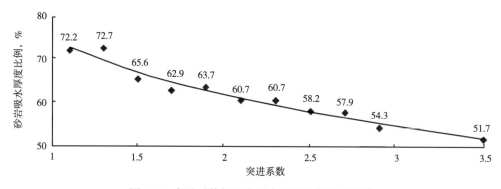

图 3-5 突进系数与砂岩吸水厚度比例关系曲线

通过对上述 3 个反映层间非均性的参数分析，我们在参数选择时，选择了变异系数作为反映层间非均质性的主要参数，突进系数作为辅助参数。在变异系数较合理时，如果突进系数较大，层段也要进一步细分，重点将突进系数大于 2.3 的层段细分单卡。

2）段内小层数对动用状况的影响

图 3-6 为段内小层数与砂岩动用厚度比例关系曲线。从图中可以看出，随着段内小层数的增加，砂岩动用厚度比例逐渐降低。

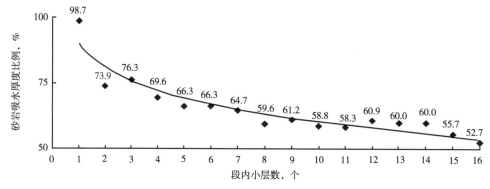

图 3-6 段内小层数与砂岩吸水厚度比例关系曲线

油层非均质性影响动用程度的因素偏重，因此我们按变异系数不同，大致分为三类（变异系数小于 0.5、变异系数在 0.5~0.7、变异系数大于 0.7）情况进行研究小层数的变化规律，三种情况下，都呈现随着段内小层数的增加，砂岩动用厚度比例逐渐降低的总体规律。但从三条曲线可看出（图 3-7、图 3-8、图 3-9），当变异系数小于 0.5 时，小层数小于 4 个时，规律明显，但当小层数 4 个以上，小层数与动用状况关系不明显；当变异系数大于 0.7 时，小层数与动用状况关系规律性最好，说明层间非均质程度强的层段，控制小层数，对提高动用程度更有效。

3）层段砂岩厚度对动用状况的影响

图 3-10 为层段内砂岩厚度与砂岩动用厚度比例关系曲线，随着层段砂岩厚度的增加，动用厚度比例逐渐减小。

进行砂岩厚度的研究，同样按变异系数不同，分为三类（变异系数小于 0.5、变异系

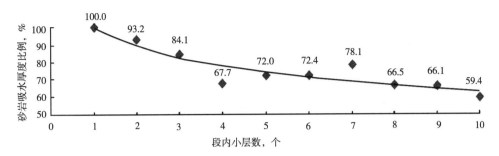

图 3-7　变异系数小于 0.5 时段内小层数与砂岩吸水厚度比例关系曲线

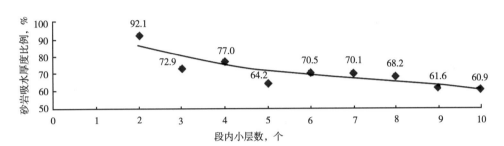

图 3-8　变异系数在 0.5~0.7 时段内小层数与砂岩吸水厚度比例关系曲线

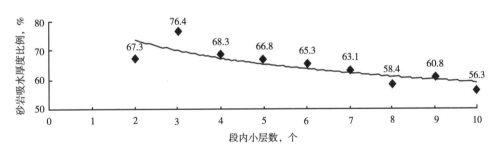

图 3-9　变异系数大于 0.7 时段内小层数与砂岩吸水厚度比例关系曲线

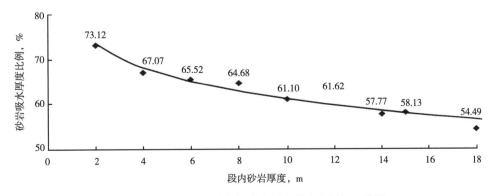

图 3-10　段内砂岩厚度与砂岩吸水厚度比例关系曲线

数在0.5~0.7、变异系数大于0.7）情况进行研究砂岩厚度的变化规律，从三条曲线可看出（图3-11、图3-12、图3-13），当变异系数小于0.5，变异系数在0.5~0.7这两种情况下，层间差异较小，砂岩厚度与动用状况关系不明显；当变异系数大于0.7时，砂岩厚度与动用状况关系明显，随着层段砂岩厚度的增加，动用厚度比例逐渐减小。说明层间非均质程度强的层段，控制砂岩厚度，能有效提高动用程度。

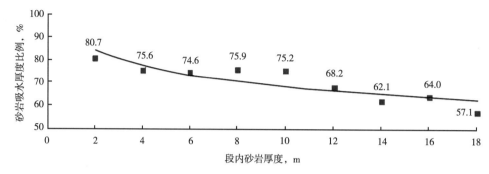

图3-11　变异系数小于0.5时段内砂岩厚度与砂岩吸水厚度比例关系曲线

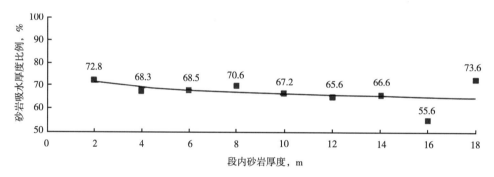

图3-12　变异系数在0.5~0.7时段内砂岩厚度与砂岩吸水厚度比例关系曲线

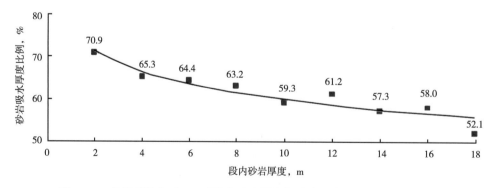

图3-13　变异系数大于0.7时段内砂岩厚度与砂岩吸水厚度比例关系曲线

4）层段有效厚度对动用状况的影响

图3-14为层段有效厚度与砂岩动用厚度比例关系曲线。从图中可以看出，随着段内的有效厚度的变化，动用状况没有较大改变，在60%~65%之间波动，层段有效厚度对动用状况的影响不明显。

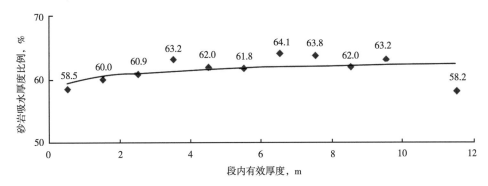

图 3-14 段内有效厚度与砂岩吸水厚度比例关系曲线

从图 3-15 为层段有效厚度与有效吸水厚度比例关系曲线可以看出，随着段内的有效厚度的增加，有效吸水厚度比例有下降的趋势。

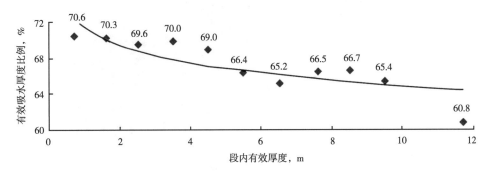

图 3-15 段内有效厚度与有效吸水厚度比例关系曲线

从图 3-16 可以看出，有效占砂岩厚度的比例随着有效厚度的增加而逐渐增大。在按有效厚度分级中，随有效厚度增加，有效厚度越成为主导影响因素。

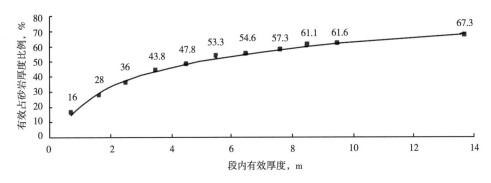

图 3-16 段内有效厚度与有效占砂岩厚度比例关系曲线

从上述实际分析可见，段内有效厚度与有效吸水状况有关，但与砂岩吸水状况关系不明显，我们主要研究的是段内各项参数与砂岩吸水厚度比例的关系。因此，研究划分层段标准时不考虑层段有效厚度的大小。

以往的理论研究认为有效厚度应控制在 4m 以内，与动用状况有较大关系，但从实际调查结果与动态经验分析，动用状况与有效厚度的关系不明显。因此，划分层段时不必要考虑层段有效厚度的大小。

由上述各项段内参数与砂岩吸水厚度比例的关系研究可见，影响萨中水驱动用状况的主要层段参数是层间变异系数、突进系数、砂岩厚度和小层数。划分注水层段时，通过对这几项参数控制，能有效地提高动用厚度比例。目前，萨中水驱的砂岩吸水厚度比例为67.6%，我们的目标是提高10个百分点，达到80%的动用程度，因此我们研究不同参数与动用砂岩厚度比例关系，最终取得动用程度达到80%的分级参数量化标准。

2. 量化层段划分标准

1）层间变异系数的标准值确定

图3-17为层间变异系数与砂岩动用厚度比例关系散点图，从图中可以看出达到80%以上的动用厚度比例，94.8%的层段的变异系数都小于0.7，因此可以确定达到80%以上的动用程度，变异系数要小于0.7。

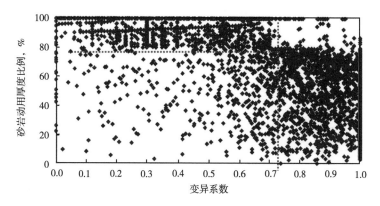

图3-17　变异系数与砂岩动用厚度比例关系散点图

2）段内小层数标准值确定

图3-18为砂岩动用厚度比例与段内小层数关系散点图。从图中可以看出，达到80%以上的动用厚度比例，95.1%的层段的小层数都小于7个，因此可以确定达到80%以上的动用程度，段内小层数要小于7个。

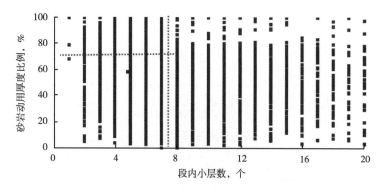

图3-18　段内小层数与砂岩动用厚度比例关系散点图

3）段内砂岩厚度标准值确定

图 3-19 为砂岩动用厚度比例与段内砂岩厚度关系散点图。从图中可以看出，达到 80%以上的动用厚度比例，94.2%的层段的砂岩厚度都小于 8m，因此可以确定达到 80%以上的动用程度，砂岩厚度要小于 8m。

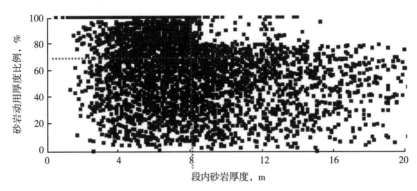

图 3-19　段内砂岩厚度与砂岩动用厚度比例关系散点图

3. 注水层段合理划分操作标准的确定

1）动用程度与细分层段技术达标程度的关系

根据"778"标准按层段参数符合率分为 4 类层段，统计结果表明（表 3-2），层段参数项符合率越低，砂岩动用厚度比例就越低，三项参数都达到"778"标准的层段动用厚度比例达到了 81.6%，而三项参数达不到标准的层段，动用厚度比例只有 54.1%。按照最大限度提高油层动用程度的目标，动用程度提高到 80%以上，层段参数标准则必须整体达到"778"，即层间变异系数小于 0.7，小层数小于 7 个，砂岩厚度小于 8m。因此制订了萨中开发区宏观的"7788"细分注水管理标准。

表 3-2　动用程度与细分层段技术达标程度的关系

项目	小层数 个	砂岩厚度 m	有效厚度 m	层间变异 系数	单层突进 系数	动用砂岩比例 %	段数 段
三项不符合标准层段	10.5	10.1	4.3	0.95	2.75	54.1	1525
一项符合标准层段	8.6	8.7	4	0.85	2.89	66.7	581
二项符合标准层段	5.5	6	3	0.79	2.37	75.8	803
三项符合标准层段	6.2	7.5	4.1	0.68	1.84	81.6	1923

2）细分注水合理分级操作标准

（1）隔层有良好的延伸性和稳定性，隔层厚度要求在 1m 以上。

（2）层段内小层数最好控制在 7 个以内，渗透率变异系数小于 0.7，砂岩厚度控制在 8m 以内。

（3）对于层间吸水差异大的层段，及单层厚度大、渗透率高的强吸水层尽量细分单卡，控制注水；薄差层、表外层尽量单独划分在同一段内，加强注水。

（4）对于上返注聚层段，水驱注水井要尽可能细分，尽量减少陪堵层。如果条件允许，尽量在萨Ⅱ9-Ⅱ10 之间和葡Ⅰ4-Ⅰ5 之间分别卡一级封隔器，减少上返注聚时重复作业工作量。

4. "7788" 注水层段划分技术标准应用效果分析

以"7788"为标准细分调整303口，调整时对层段内参数进行了合理调整，段内层间变异系数由0.95控制到0.71，小层数由10.3个减少到6.8个，砂岩厚度由10.2m减少到7.8m。通过对参数的调整，取得了较好的开发效果。

一是同位素吸水剖面统计资料证明，达标井动用程度达到80%以上。统计有吸水剖面井84口，吸水层数增加116个，吸水厚度增加210.9m，吸水砂岩厚度比例由74.7%提高到83.9%，提高了9.2个百分点。尤其是发育较差油层和表外层动用状况明显改善，两类油层分别提高了18.3%、22.9%（表3-3）。

表3-3 吸水剖面不同油层吸水状况统计表

区块	有效厚度大于1m且渗透率≥0.1D				渗透率<0.1D				表 外			
	射开比例 %		吸水层比例 %		射开比例 %		吸水层比例 %		射开比例 %		吸水层比例 %	
	小层数	砂岩厚度	小层数	砂岩厚度	小层数	砂岩厚度	小层数	砂岩厚度	小层数	砂岩厚度	小层数	砂岩厚度
细分前			88.9	89.2			61.2	59.7			42.6	45.8
细分后	16.6	36.4	90.6	90.5	48.3	40.3	79.0	78.0	35.1	23.3	66.3	68.7
差值			1.7	1.3			17.8	18.3			23.7	22.9

二是连通采油井有效期内产油量稳定、含水上升得到控制。连通的212口无增产措施采油井有效期达到8个月，见效高峰期时，日增液218t，日增油129t，含水下降了0.96个百分点。改善了调整井区的开发效果。

例如南1-1-丙水35井是南一区东部基础井网的一口注水井，全井砂岩厚度31.1m，有效厚度26.6m，日配注240m³，日实注245m³，三级四段注水，从分层段内的各项参数看（表3-4），SⅡ1-3、SⅡ7+8、SⅡ10-14三段的各项参数都在合理分级标准值范围内，但SⅢ2-PⅡ10段内砂岩厚度大，小层数多，变异系数、突进系数值高，层间矛盾突出，各项参数都超过合理分级标准值，SⅢ2-PⅡ10段应进一步细分。

表3-4 南1-1-丙水35井细分前后段内参数变化表

| 细分前 | | | | | | 细分后 | | | | | |
层号	砂岩 m	有效 m	小层数 个	变异系数	突进系数	层号	砂岩 m	有效 m	小层数 个	变异系数	突进系数
SⅡ1-3	6.2	4.0	4.0	0.54	1.30	SⅡ1-3	6.2	4.0	4.0	0.54	1.30
SⅡ7+8	5.0	4.4	1.0	0.00	1.00	SⅡ7+8	5.0	4.4	1.0	0.00	1.00
SⅡ10-14	3.6	1.8	3.0	0.73	1.60	SⅡ10-14	3.6	1.8	3.0	0.73	1.60
SⅢ2-G15+16	16.3	12.4	11.0	0.91	2.03	SⅢ2-Ⅲ9	7.0	4.2	5	0.65	1.77
						PⅡ3-G15+16	9.3	8.2	6	0.76	1.80

从吸水剖面看SⅢ2-PⅡ10段的吸水量都集中在SⅢ2-Ⅲ9段（图3-20），占全井的75.82%，注水强度高达27.3m³/（d·m），SⅢ2-Ⅲ9段应细分出来严格控制。因此SⅢ2-PⅡ10段细分为两段SⅢ2-Ⅲ9和PⅡ3-PⅡ10，SⅢ2-Ⅲ9段停注，细分后段内的各项细

分参数得到有效控制，细分效果明显，砂岩动用厚度比例由 62.99% 提高到 80.52%，有效动用厚度比例由 57.2% 提高到 80.28%，分别提高了 17.53%、22.48%。

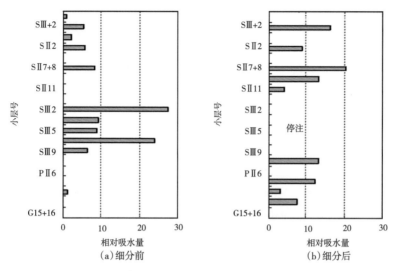

图 3-20　南 1-1-丙水 35 井细分前后吸水剖面图

通过对高渗透层 SⅢ2-Ⅲ9 段的控制，连通采油井效果较好，7 口采油井见效，日降液 74.9t，日增油 9.9t，含水下降 1.0 个百分点。其中同层系连通的 6 口采油井，除 1 口采油井检泵无法对比外，其他 5 口井都见效，另外与细分层段连通较好的 2 口一次加密调整井见效明显。连通油井开采曲线可以看出（图 3-21），细分前产液量上升，产油量下降，

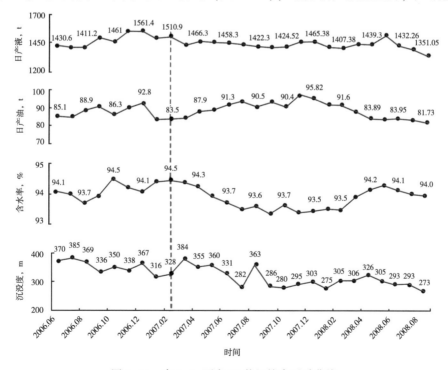

图 3-21　南 1-1-丙水 35 井组综合开采曲线

含水上升，细分控制注水后，开采形势逐渐变好，产液量下降，产油量上升，含水下降，有效期达到 12 个月，累计增油量 2970t，细分效果十分明显。

第二节　精细分层注水方案设计方法

精细分层注水方案设计配水方法主要有三种：井组注采平衡配水法、层段性质动态配水法、注水强度配水法。

一、井组注采平衡配水法

井组是指以注水井为中心，与周围相关油井所构成注采单元，是油田开发分析的基本单元。从注与采的关系分析，注是主动，采是被动，注是采的能量供给，采是注的最终体现[4]。注是根本，采是成果，注的效果体现是间接的，采的效果体现是直接的。注水是保证采油能量供给、油层动用的重要条件，协调好注与采的关系尤为重要的。所以，根据采的需要，强化在注够水、注好水、有效注水上下功夫是油田开发的根本。

萨中开发区层系复杂，井组内油水井注采关系复杂，因此要依据层系特点实施井组精细分层调整。举萨中开发区两类井组实例分析井组注采平衡配水法的应用。

1. 井段长动用不均衡，改善底部薄差油层吸水状况

井段跨度大，射开的各套油层射孔顶界相距较大，分层注水时对压力需求存在较大的差异，且射开的下部油层一般发育较差，在较大的压差下，要使下部发育较差油层动用起来，难度较大。因此我们要寻求一种有效的提压分层注水方法，解决压差问题，保证下部油层启动注水。

例如高 129-265 井射开萨Ⅲ、葡Ⅱ、高Ⅱ油层组，萨葡油层射孔顶部深度 955.3m，上覆岩压 12.42MPa，而高台子射孔顶部深度 1114.2m，上覆岩压 14.48MPa，深度差异 158.9m，上覆岩压差 2.06MPa，高Ⅱ油层发育也较萨葡油层差，这样的大井段跨度、大的压力差异情况下，从所测的吸水剖面显示（图 3-22），萨Ⅲ、葡Ⅱ油层吸水能力强，全井吸水量都集中在萨葡油层，高Ⅱ油层不吸水。因此制订了层段周期注水及薄差油层压裂改造措施。

层段周期注水方案，一年分 2 个周期，每个周期前半周期将萨葡油层停注，注水井的上覆岩压提高到 14.48MPa，只注高台子油层，后半周期，萨葡、高台子油层同时注水，注水井的上覆岩压 14.42MPa。

压裂方案，压裂高台子底部薄差油层，高Ⅱ_13 至高Ⅲ_1 油层分 5 段进行压裂，采取多裂缝压裂方式。

实施措施调整后，连通采油井见效，平均单井日产油上升 0.8t，含水下降 0.9 个百分点。

2. 油水同层油层组注水突进快，层段重组、严控高吸水层

高台子高 4 油层组已经发育到油水同层，经过多年的开采，地层里的油已经驱替出来，因此地层水突进，致使含水上升，因此要对底水突进的油水同层严格停控。例如高 132-斜 365 井组含水 94.2%，年度含水上升 0.8%，此井组 2010 年投入开发，投产初期，井组平均含水 82.9%，经过三年的开发，2013 年井组含水达到 95.7%，三年含水上升

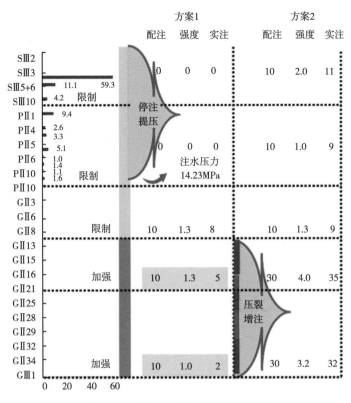

图 3-22　高 129-265 井调整示意图

12.8 个百分点，吸水剖面显示（图 3-23），高 Ⅳ 油层组油水同层部位高吸水，吸水比例占到全井的 59.4%，因此将层段重组，高 Ⅳ 单卡停注，调整前后对比，井组日降液 89.4t，日增油 0.5t，含水下降了 1.9 个百分点。

二、层段性质动态配水法

萨中水驱射孔井段长，非均质程度高，尤其是部分合采井，射开了萨、葡、高三套油层组，根据技术界限实施精细分层后，如何确定层段性质，根据层段性质如何实施精细调整，是层段性质动态配水法的关键。

1. 依据注水井分层指示曲线统计吸水能力变化规律

根据稳定试井测得的注水井各层段注入量和注水压力关系曲线，称为分层指示曲线。测试方法是将每个层段下入相同孔径的水嘴（或网），测得分层注水指示曲线，掌握各层段启动压力，判别各段吸水能力差异，找出"实际"高渗透层，依据现场结果，确定层段性质（加强层、限制层、平衡层）和注水强度。

从分层指示曲线上可得到三项认识（图 3-24），一是明确各层段启动压力；二是了解相同层段在不同注水压力下的吸水能力变化规律；三是了解不同层段在相同压力条件下的吸水能力变化规律。

通过近年来对萨中开发区 494 口井的 2071 个注水层段的分层指示曲线测试资料分析（图 3-25），注水层段内的三项地质参数突进系数、层间变异系数、平均渗透率与启动压

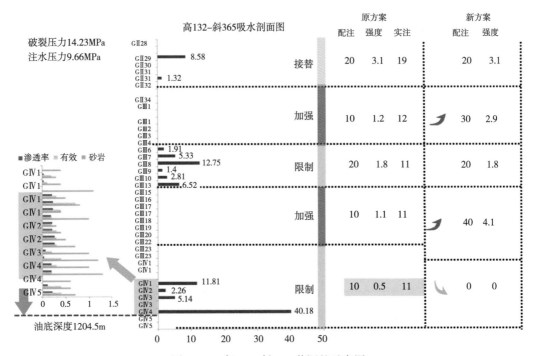

图 3-23　高 132-斜 365 井调整示意图

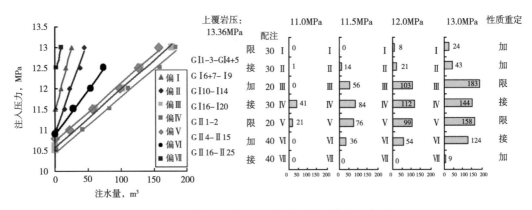

图 3-24　高 117-侧斜 46 井分层指示曲线示意图

力有明显的规律特征，随着启动压力的升高，层间均质特征越明显，油层发育变差，这证明我们将单井精细注水，薄差油层细分出来注水，只有在较高的注水压力下，薄差油层才能得到动用。

2. 根据动态经验统计规律确立层段性质及注水压力

1）层段性质确立标准

（1）注水层段内含有有效厚度大于 1m 且渗透率大于 0.1D 的油层，层段相对吸水量大于 20%，需要限制注水，为限制层。

（2）注水层段内含有有效厚度在 0.5~1m，且渗透率大于 0 的油层，层段相对吸水量 10%~20%，平衡注水，为平衡层。

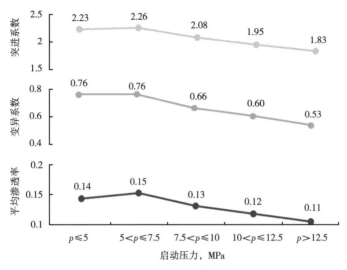

图 3-25 启动压力与分段参数关系曲线

（3）注水层段内射开油层有效厚度小于 0.5m，为薄差油层及表外油层，层段相对吸水量小于 10%，需加强注水，为加强层。

（4）通过分层指示曲线对各层段吸水能力得到的全面认识，可根据测试成果，修正（1）（2）（3）条，重新确定层段性质。

2）注水压力确立标准

（1）有分层指示曲线测试成果井，通过对各层段动用状况的认识，可按最大动用程度确定注水压力。达到合理分配分层水量的目标，优化出注水方案，实施有效注水。

（2）无分层指示曲线测试成果井，依据套损控制要求，注水压力提高到上覆岩压以下 0.5MPa 注水。

3. 根据分层指示曲线定性、定压的具体做法及应用

1）调整层段性质、优化注水压力，调配水嘴，优化方案

测试分层指示曲线时，在上覆岩压允许的压力条件下，如果各层段都能启动注水，说明压力有可上调空间，我们以上调注水压力，调配水嘴，进行注水方案的优化，方案的优化过程分三个步骤，一是测分层指示曲线，了解各层段的吸水能力；二是测试检配，调整水嘴检配水量；三是分析定案，制订注水方案，制订注水压力。

（1）原方案所定层段注水性质与实测结果相符，重新定压执行原方案。

执行原方案时，不是下回原水嘴，按原注水压力执行，而是要根据现场实测曲线，按最大动用程度，重新定压、调整分层水嘴，执行原方案。分层水嘴的调整要应用指示曲线和嘴损曲线资料，加大高吸水层节流压差，在不超上覆岩压的条件下，提高全井注水压力，放大差油层水嘴，最大限度满足差油层配注需求。

例如高 109-侧斜 24 井，全井分为 7 段注水，现场实测结果（图 3-26）显示 7 个层段在上覆岩压允许的压力条件下，各层段都能启动注水，与原方案对比，限制层段 GⅠ1-3-4-5、GⅡ1-2，指示曲线显示为高吸水层，是应该限制的层段，加强层段 GⅠ16-20、GⅡ4-15、GⅡ4-15，指示曲线显示为低吸水层，是应该加强的层段，原方案与实测结果相

符，因此通过提高注水压力、调配水嘴，按原方案实施有效注水。按指示曲线和嘴损曲线测试调配分层水嘴，检配水量后，制订了注水方案（表3-5），提高注水压力至上覆岩压，注水压力由13.6MPa上调至14.1MPa，用死嘴子和小嘴子加大高吸水层节流压差，严格控制高吸水层的注入量，通过提压用空嘴子和网发挥低吸水层的吸水能力，最大限度满足差油层配注需求。通过提压调配水嘴的调整方式，高109-侧斜24井调整效果明显，砂岩吸水厚度比例由14.2%提高到52.7%，连通的5口采油井日增油5.4t，含水下降0.8个百分点，井组开采效果明显改善。

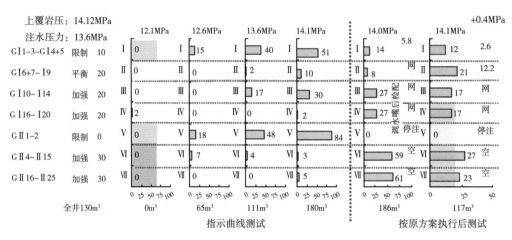

图3-26 高109-侧斜24井分层指示曲线示意图（各层水嘴为网）

表3-5 高109-侧斜24井调整前后注水状况变化表

层段	层段性质	上覆岩压 MPa	原方案				新方案			
			注水压力 MPa	配注 m³	实注 m³	水嘴 mm	注水压力 MPa	配注 m³	实注 m³	水嘴 mm
GⅠ1-3-GⅠ4+5	限制	14.1	13.6	10	14	6	14.1	10	12	2.6
GⅠ6+7-Ⅰ9	平衡	14.1	13.6	20	26	12.2	14.1	20	21	12.2
GⅠ10-Ⅰ14	加强	14.1	13.6	20	13	网	14.1	20	17	网
GⅠ16-Ⅰ20	加强	14.1	13.6	20	15	网	14.1	20	17	网
GⅡ1-2	限制	14.1	13.6	0	0	停注	14.1	0	0	停注
GⅡ4-Ⅱ15	加强	14.1	13.6	30	13	10	14.1	30	27	空
GⅡ16-Ⅱ25	加强	14.1	13.6	30	11	空	14.1	30	25	空
全井		14.1	13.6	130	92		14.1	130	119	

（2）原方案所定层段注水性质与实测结果不符，重新定性，调整层段性质重定方案。

在实际注水过程中，经常出现动静不符，吸水剖面与测试卡片不符等诸多问题，影响了对油层注入状况的认识，应该加强的却限制，应该限制的却加强，方案准确率较差，影响油层动用状况。测试分层指示曲线准确判断油层吸水状况，"双定"做法能够实现优化注水方案。例如高113-26井，全井分为7段注水，与原方案对比，限制层段GⅡ1-3，指示曲线显示为低吸水层（图3-27），是应该加强的层段我们却停注此段注水，加强层段 G I 9-14, 指示曲线显示为高吸水层, 是应该限制的层段, 原方案与实测结果不符, 因此根据指示曲线, 重新定性, 调整层段性质, 再配合压力与水嘴的调整, 优化出最佳注水方案。通过重新定性, 调整层段调配方案的调整方式, 高 113-26 井调整效果明显, 吸水剖面结构明显改善, 高吸水层停注后, 低吸水层的吸水状况明显改善, 砂岩吸水厚度比例由 45.2% 提高到 67.5%, 连通的 3 口采油井日增油 2.7t, 含水下降 1.5 个百分点, 井组开采效果明显改善。

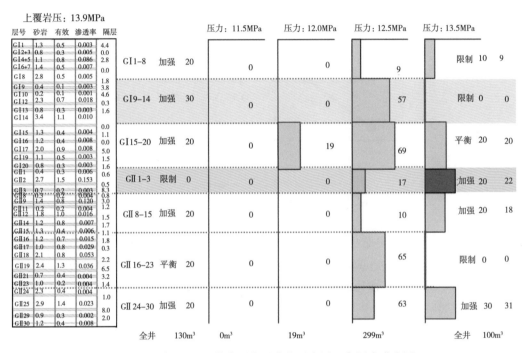

图 3-27　高 113-27 井分层指示曲线示意图（各层水嘴为网）

2）投堵高渗透层, 提压注水, 优化方案

测试分层指示曲线时, 在上覆岩压允许的压力条件下, 部分层段不能启动注水, 说明压力没有可上调空间, 测试过程中我们增加重要一步投堵, 方案的优化过程分四个步骤, 一是测分层指示曲线, 了解各层段的吸水能力; 二是投堵定压, 提压注水, 启动低吸水层; 三是测试检配, 调整水嘴检配水量; 四是分析定案, 制订注水方案, 制订注水压力。

投堵定压即投堵高渗透层, 提压注水, 启动低渗透层注水。在上覆岩压限制下, 部分层段不能启动注水, 分层指示曲线测得的各层段吸水差异较大, 层段启动压力差异大。通过对高渗透层进行投堵, 仅针对低渗透层加强注水, 特别是"最底部的低渗透层段"可形成新的射孔顶界, 放了上覆岩压, 放大注水压力注水, 憋开低渗透层。

例如高 113-24 井, 全井分为 7 段注水, 测试过程中分两步进行, 首先是测指示曲线了解实际吸水情况, 现场实测结果与原方案对比, 存在两方面突出矛盾, 一是实测结果与原定方案不符, 加强层段 G I 10-12, 指示曲线显示为高吸水层, 是应该限制的层段; 二是加强层段 G II 15-18 受上覆岩压限制下不吸水。为解决底部薄差油层吸水能力问题, 在测试的第二步进行投堵吸水层、不吸水层提压注水。分层指示曲线显示高 113-24 井上部 6 个层段都吸水, 因此对 6 个吸水层段停注, 仅针对 G II 15-18 一个层段拔空注水, 此时吸水层射孔顶界改变，上覆岩压由 14.3MPa 提高至 15.4MPa，可放大注水压力进行单段注水（图 3-28）。G II 15-18 层段单独注入状况明显改善，注水压力 14.2MPa 层段注水量 3m³，注水压力 14.5MPa 层段注水量增加至 16m³，低渗透层启动注水后，渗流能力逐步增强，在此后压力不变和略降状况下，注水量上升至 20m³。根据现场实测结果及投堵过程中对注入压力的需求，进行重组定案，按需定压，执行新方案。停注上部两个层段，上覆岩压由 14.3MPa 提高至 14.7MPa，新方案注水压力提升至 14.5MPa，保证了底部薄差油层注入量达到了 20m³ 左右。

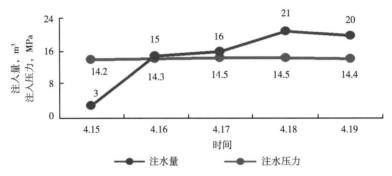

图 3-28　高 113-24 井 G II 15-II 18 段注入状况曲线

高 113-24 井调整效果明显，吸水剖面结构明显改善，高吸水层停注后，低吸水层的吸水状况明显改善，尤其是底部长期不动用的薄差油层开始启动吸水。砂岩吸水厚度比例由 32.2% 提高到 40.9%，连通的 4 口采油井日增油 2.2t，含水下降 2.5 个百分点，井组开采效果明显改善。

3）分层指示曲线指导注水井措施选井选层

根据分层指示曲线，对各注水层段的吸水能力全面了解，充分应用注水井分层启动压力资料，发挥其指导开发调整的作用，指导压裂、调剖、酸化等措施。

（1）确定高渗透层段，应用浅调剖技术调堵高吸水层。

以往选择调剖井段主要根据吸水剖面这项资料选择，没有现场实测分层指示曲线资料，以经验分析为主。通过实测分层指示曲线，对各注水层段的吸水能力能更全面、更真实的了解，可判定出高吸水层段。针对层间差异较大高吸水层段，仅依靠控制注水量无法缓解层间矛盾，因此应用浅调剖技术控制高渗透层。浅调剖的选井选层原则增加重要一项，分层指示曲线定调剖段，吸水剖面定调剖层。此项选井选层原则更具有科学依据。

例如高 121-26 井，分层指示曲线显示 G I 1-3-G I 9、G I 10-I 12 两段吸水能力强，吸水量占全井的 56.4%，初步确定此两段可作为调剖层段，从同位素资料判断 G I 10-I 12 段层间差异较大，G I 12 为突进层，相对吸水量高达 22%，因此根据分层指示曲线与同位素剖面两项资料判定 G I 10-I 12 为调剖目的段，G I 12 为调剖目的层。如果按原判断方法，仅根据吸水剖面资料判别，调剖目的段应定为 G II 1-II 12，G II 12 为调剖目的层。分层指示曲线能对高吸水层段的判定更准确，这样再结合同位素资料选层调剖更科学。此井实施调剖后效果非常显著，吸水剖面得到明显改善，调剖目的层相对吸水量由 22% 下降到 9.4%，由于对高渗透层控制，层间干扰减缓，吸水结构改善，低渗透层吸水能力增强，全井砂岩吸水厚度比例由 40.9% 提高到 50%。连通的两口采油井见效明显，日产液下降

0.9t，日产油上升0.4t，含水下降了1.6个百分点，改善了井组开采效果。

（2）确定薄差油层，措施改善薄差油层动用状况。

通过提压调配水嘴、提压投堵高吸水层等做法，在不用实施压裂、酸化措施的条件下使部分低渗透层启动注水。但仍然有部分层段无法启动注水则必须通过措施改造的方式改善薄差油层动用状况，测试分层指示曲线提供了选井选层依据。

例如高109-侧斜20分四段注水，上覆岩压14.7MPa，2011年4月14日措施前测分层指示曲线显示（图3-29），注水压力14.6MPa条件下，顶部层段ＧⅠ2+3-ＧⅠ8不吸水，全井吸水量27m³，自顶部吸水差，投堵等方式无法启动差油层，此井必须实施增注措施改善吸水状况。2011年5月此井压裂，压裂层选择指示曲线显示的ＧⅠ2+3-ＧⅠ8为主的5个不吸水层段进行压裂，压后日注水量上升至77m³，日增注60m³，吸水能力改善，此井实施细分调整，由三级四段细分为五级六段注水，为合理配好分层水量，2011年5月15日压裂细分后测分层指示曲线（图3-30），现场实测结果显示，原不吸水层吸水能力增强，根据分层指示曲线结合发挥压裂层吸水能力的原则，加强注水3个层段，限制停注1个层段，平衡层段2个，从2011年5月至8月连续的测试资料显示，压裂层一直保持较好的注入状况，全井吸水能力明显增强，因此又针对连通的采油井高107-21井实施压裂，压裂层段也以注水井压裂层段ＧⅠ2+3-ＧⅠ8为主，高109-侧斜20井配套实施压裂、细分及连通油井压裂等多种综合措施，效果明显，一是薄差油层吸水能力增强，全井注水量上升，日注水量由17m³上升至77m³，日增注60m³。二是吸水剖面明显改善，措施前低吸水能力条件下，全井只有两个小层吸水，措施后吸水层数比例由10%提高到56%，砂岩吸水厚度比例由17%提高到68%。三是连通的3口未措施采油井日增油2.3t，含水下降2.7个百分点，高107-21井压裂前后对比，日增液26.5t，日增油4t。

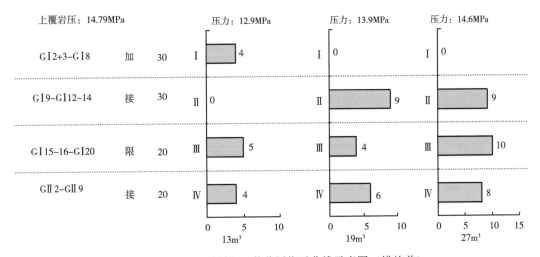

图3-29　高109-侧斜20井分层指示曲线示意图（措施前）

运用分层指示曲线选择压裂井层、对细分井合理分层配水、进而指导连通采油井选择压裂井层，对吸水能力差的井段、层段进行综合措施改造，措施效果显著，开发效果明显改善。

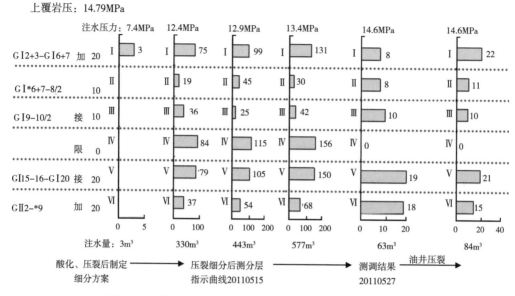

图 3-30　高 109-侧斜 20 井分层指示曲线示意图（措施后）

三、注水强度配水法

注水井单位有效厚度油层的注水量，是衡量油层吸水状况的一个指标。合理的注水强度对充分发挥各类油层的作用、提高油田开发效果有重要作用。

1. 单井注水强度确定主要依据

1）依据注采比，保持注采平衡

中高渗透油藏井组注采比要达到 1.0~1.2，低渗透油藏井组注采比要控制在 1.2~1.5。

2）单井注水强度要保证井组流压在合理范围内

依据周围油井平均流压，根据含水确定出井组合理流压值，萨中开发区共分为 22 个区块，每个区块建立了流压控制图版，注水强度要依据合理流压的范围进行调整，例如南一区西部萨葡流压控制图版（图 3-31），依据区块平均含水确立了不同含水级别下的合理区范围，位于高压区及低压区的井需要进行全井注水强度的调整。

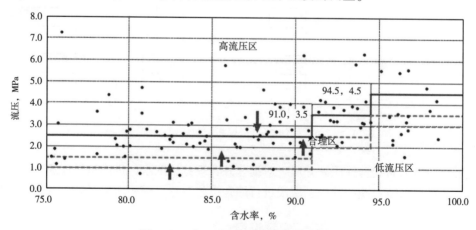

图 3-31　南一区西部萨葡流压控制图版

2. 层段注水强度确定主要依据

1）根据层段性质确立配注标准

依据各类储层动用状况，合理匹配注水强度，实施针对性调整方案。动用状况以相对吸水量为标准（表3-6），低于10%的层段需要加强注水，配注强度达到 $4.0m^3/(m \cdot d)$ 以上，配注水量依据配水强度、砂岩厚度、油水井连通比例综合计算得出；相对吸水量10%~20%之间的层段需要平衡注水，配注强度在 $3.0 \sim 4.0m^3/(m \cdot d)$，配注水量依据配水强度、砂岩厚度、油水井连通比例综合计算得出；相对吸水量大于20%的层段需要限制注水，配注强度限制在 $4.0m^3/(m \cdot d)$ 以内，配注水量依据配水强度、砂岩厚度、油水井连通比例综合计算得出。

表3-6 萨中开发区配注标准表

层段性质	相对吸水 %	配注标准	
		配注强度，$m^3/(m \cdot d)$	配注水量，m^3/d
加强层段	<10	≥4.0	强度×砂岩×连通比例
平衡层段	10~20	3.0~4.0	强度×砂岩×连通比例
限制层段	≥20	≤3.0	强度×砂岩×连通比例

2）特殊层段依据相关规定确定注水强度

（1）易套损层段控注注水，萨Ⅱ4及以上层段注水强度控制在 $4.0m^3/(m \cdot d)$ 以内。

（2）套损油层细分单卡停注。

（3）配合聚合物驱封堵层段单卡停注。

第三节 注水开发调整方法

对于注水开发油田的地质储层来讲，油田开发是一个不断动态变化的过程。随着油田开发的不断深入，即使是已经实施分段开采，同一层段中的各个单元之间，受油层自身发育性质、地层压力、注入压力、注入量等影响，注采结构也会不断发生变化，由于各个单元间的注采不均衡而产生新的不均衡，导致注采矛盾日益突出，这就需要对注水井及时进行调整，特别是单元层段间的更进一步的细分，精细细分调整技术的发展和应用也受到越来越广泛的重视。

一、注水井开发调整流程

注水井开发调整总体流程为地下调查、编制方案、组织实施、跟踪调整、评价效果。

地下调查是一项复杂的系统工程，包括储采状况、注采系统、压力系统、注采状况、套损状况等地面、地下的调查，其主要任务是了解油田开发现状、找准制约油田开发效果的突出问题及主要矛盾，调查开发调整潜力，制订开发调整政策，为油田有效开发调整提供支撑。

编制方案主要包括注水井作业调整和测试调整两大方案的编制。其中作业方案包括压裂、酸化、补孔、调剖等措施方案，细分调整、层段调整等调整方案，大修、新井投注等动管柱调整方案。方案编制根据井组注采连通关系，分析井组矛盾，有针对性地选井、选层，同时结合动静态资料、测井测试资料、数值模拟结果、精细地质成果等多方案资料进行水量调配。

组织实施是方案发放到位后，施工作业过程中各部分协调、高效保证施工环节畅通，从而确保整体或者单井的开发效果得到有效改善。

跟踪调整根据方案实施效果，及时依据动态变化进行跟踪调整。

评价效果决定了油田的开发效果，特别是在特高含水期阶段挖潜措施效果逐渐变差这一问题日益突出，更加需要制订适用于特高含水期的开发政策，并对各种潜力有针对性地提出合理高效的综合挖潜措施，提高油田经济效益和开发效果。

二、井网适应性分析

1. 层系划分依据及开采特点

萨中开发区主要分为 7 套层系井网进行开发利用，各套井网依据开发阶段、射开层位、发育特点、布井方式等有其各自的井网特征。

1）基础井网

基础井网 1960 年投入开发，分为三种布井方式：一是葡一组行列井网为大切割距行列注水井网，第一排油井距水井排 1100m（中区 600m，1200m），油井排间距 500m（中区 600m），井距 500m；二是萨+葡葡二组行列井网第一排油井排距水井排 600m，油井排间距 500m（中区 600m），井距 500m。中间井排与葡一组同排，井间布井；三是萨+葡二组基础四点法面积井网，只部署在北一区、南一区和东西部过渡带，井距 500～550m。葡一组井网开采对象特征是油层单层发育厚度大，厚度 3～10m；渗透率高，在 600～900mD；河道砂连续性好，宽度 800～1500m。平均砂岩厚度 20m 左右，有效厚度 15m 左右。萨+葡二组井网开采对象特征是以有效厚度大于 2.0m 油层为主，渗透率一般在 300mD 以上，河道砂规模较葡一组油层小。

2）一次加密调整井网

1972 年编制了中区东部、东区、西区、东西部过渡带 5 个区块加密调整方案。1973 年开始实施。1981—1990 年在北一区、中区西部、南一区全面实施。一次加密井网以 250～300m 注采井距开采，采用反九点法、四点法井网，共有油水井 1275 口。开采萨+葡二组中三类油层，低渗透薄差油层和当时未划表外砂岩，三类油层砂岩射孔厚度占 80% 左右。

3）二次加密调整井网

1984—1987 年，萨中开发区二次加密在中区东部开展试验，1992—2003 年全面实施，共有油水井 2717 口。二次加密以 200～250m 注采井距开采，采用线状注水、反九点法、五点法和四点法 4 种注水方式开发。对象依然是萨+葡二组中三类油层，同时也调整了部分低未水淹二类油层，三类油层砂岩射孔厚度占 70% 左右。

4）三次加密调整井网

2000—2003 年，萨中开发区在加密调整潜力较大的中区东部、东区、北一二排东、西部 4 个区块开展了三次加密，2009 年开始在中区进行。三次加密以 100～250m 注采井距，采用五点法、反九点法、自身不构成完整井网与原井网统一考虑注采关系和小井距（106m 井距）不规则五点法 4 种布井方式，共有油水井 1870 口。对象为薄差油层，以有效厚度小于 0.5m 的油层及表外储层为主。

5）高台子油层层系井网

1980 年投入开发试验。取得了单井日产油达到 20t 以上的很好效果，于 1981 年编制了《萨尔图油田中部地区高台子油层开发方案》，1982—1994 年首先从北一区开始全面开发高台子油层。在各区块部署了 1~3 套井网，在开发初期以 250~300m 井距，采用反九点法面积井网开发，1996 年开始注采系统调整，2009 开始加密调整，目前，高台子油层层系以 100~300m 井距，采用反九点法、五点法、线状注水 3 种布井方式开发，共有油水井 3038 口。

6）一类油层三次采油井网

萨中开发区经过 1989 年中区西部单、双层聚合物驱先导性开发试验，到 1991 年开展的北一区断西一类油层聚合物驱工业性试验，逐步形成了较为成熟的聚合物驱油配套技术，于 1996 年全面开始聚合物驱油工业化推广应用。一类油层聚合物驱井网利用葡一组基础井网加密为 200~250m（局部 125m）注采井距五点法面积井网开发。目前，萨中开发区共有主力油层油水井 2130 口。

7）二类油层三次采油井网

二类油层三次采油井网自 1998 年开始进行阶段性的注采井距、开采对象的试验，经过 5 个阶段在两个试验区、三个工业区的研究与应用，2009 年在萨中开发区全面推广应用。二类油层三次采油以 110~175m 注采井距，采用五点法面积井网，开采萨 II 10-萨 III 10 河道砂及有效厚度大于 1m 油层，目前，萨中开发区共有二类油层三次采油油水井 4021 口。

2. 依据井网特征精细注水井调整，缓解平面矛盾

萨中开发区由于各套层系间交叉射孔，从平面上看存在多套井网连通，流线关系复杂、井距不同的矛盾，因此各层系间综合匹配调整，减缓平面矛盾，改善开发效果。

例如高 423-斜 195 井是西区高台子三次加密采油井，开采萨 III、葡 II、高 I 的三类油层，以本井为中心连通 6 口注水井（图 3-32），包括 2 口萨葡二次加密井和 4 口高台子三次加密井，开采的萨 III、葡 II 油层与 6 口井都有连通关系，在 2 口二次加密井的流线方向上，井距最近 60m，最远 160m，与 4口三次加密井井距平均为 106m，2011 年 10 月周围井平均含水 88.7%，而此井含水 95.1%，平面矛盾突出。因此制订了二次加密井封堵、三次加密井跟踪调整的策略。

二次加密井封堵方案，采取流线方向萨葡连通层封堵对策，但 2 口井封堵对策略有不同，C42-8 与 G423-S195 井距较近严格封堵，两口井的共射层位全部封堵，C42-CS9 与 G423-S195 井距较远，两口井的共射层位部分封堵，只封堵高水淹层，动用较差油层限制注水。

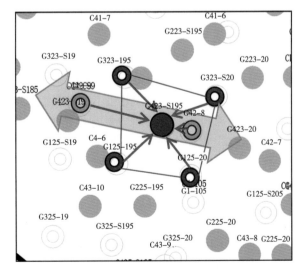

图 3-32　高 423-斜 195 井组井位图

　　三次加密井跟踪调整方案，4 口井根据剖面吸入状况，分别采取了周期注水与调剖技术进行跟踪调整，其中萨葡油层吸水状况整体很好，高台子油层不吸水的注入井，采取周期停注萨葡油层的做法，单一小层吸入状况好的注水井，采取调剖单层突进层的做法。通过新老井从投产初期开始的不断匹配调整，产油状况明显好转（图 3-33），日产油由 0.7t 上升到 8.2t，含水由 93.9% 下降达到 84.8%。

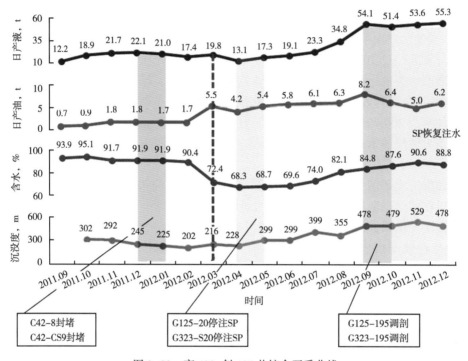

图 3-33　高 423-斜 195 井综合开采曲线

三、井网调整方法

1. 层系调整

1）独立的开发层系满足条件

（1）具有一定的可采储量。

（2）层数不宜过多，生产井段不宜过长，厚度要适宜，保证油井有较高的生产能力。

（3）与相邻的开发层系间应具有稳定的隔层，以便在注水开发条件下不发生窜流和干扰。

（4）同一开发层系内，油层的构造形态、压力系统、油水分布、原油性质等应比较接近。

（5）油层的裂缝性质、分布特点、孔隙结构、油层润湿性应尽可能一致，以保证注水方式的基本一致。

　　若原划分的开发层系与这些要求相差较多则需要进行调整。

2）层系调整的做法

层系调整主要有以下 4 种做法。

（1）细分开发层系。

（2）井网开发层系互换。

（3）层系调整和井网调整同时进行。

（4）层系局部调整。

实际上层系调整和井网调整是不可分割的整体，层系调整必然要进行井网调整，井网调整除在不变的层系内进行外，也要涉及层系调整。

2. 注水方式及井网调整

1）选择注水方式的标准

（1）尽可能做到调整后的油井多层、多方向受效，水驱程度高。

（2）注水方式的确定要和压力系统的选择结合起来，研究采液指数和吸水指数的变化趋势，确定合理的油水井数比，使注入水平面波及系数大，能满足采油井所需产液量提高和保持油层压力的要求。

（3）保证调整后层系内有独立的注采系统，又能与原井网搭配好，注采关系协调，提高总体开发效果。

（4）裂缝和断层发育的油藏，其注水方式要视油田具体情况灵活选定，如采取沿裂缝注水和断层附近不布注水井等。

2）选择合理井距的标准

（1）合理井距要有较高的水驱控制程度。

（2）要能满足注采压差、生产压差和采油速度的要求。

（3）要有一定的单井控制可采储量，有好的经济效益。

（4）要处理好新老井关系，因新井井位受原井网制约，新老井分布尽可能均匀，注采协调。

（5）以经济效益为中心，确定不同油藏井网密度和最终采收率的关系。

四、精细注采系统调整方法

精细注采系统调整是指在原来单纯注重做好套损井大修的注采系统调整基础上，加大井网、井点、单砂体间的注采系统调整力度，并在技术上加大新技术、新工艺的应用，以提高多向连通比例、提高井网控制程度的开发调整方法。

实践中，通过转注、大修、更新、补孔等措施，逐步实现油水井间注采关系完善，实现开发由点强面弱到点弱面强的转变，最大限度挖掘三类油层剩余油，一般不钻井或钻少量井。

精细注采系统调整包括井网、井点、单砂体等三个方面的注采关系的完善。

1. 完善井网注采关系

据统计，萨中油田已全面进入特高含水开发阶段，其中部分反九点法面积井网开采的区块平均单井日注水量 $173m^3$，比常规（五点法井网）区块高 $80m^3$，但其周围油井平均沉没度只有 216m，低于常规区块 53m；平均地饱压差 -2.16MPa，低于常规区块 0.46MPa；多项连通比例仅为 32.1%，动用状况厚度比例仅为 30% 左右。说明反九点面积注水井网由于注采失衡现象日益严重，已远远满足不了现阶段的开发需求，需要进行注采系统调整。

为了有效遏制油田开发中注采失衡矛盾引起的开发矛盾，提高水驱控制程度，实现原油产量持续稳定，提高油田最终采收率，2014年7月编制了《萨中水驱注采系统调整方案》，按照注采强度、注水波及系数、水驱控制程度最大化的原则，设计转注角井，形成五点法面积井网的注水方式，调整后注采井数比由目前的1:2.6调整到1:1.1，预计控制程度提高3.01个百分点，增加可采储量425.69×10⁴t，提高采收率1.73个百分点。

统计已完工的中区西部高台子区块11口井的转注效果，转注井周围连通17口未措施采油井日产液上升88t、日产油上升5t、综合含水下降0.1%，自然递减-11.8%，在完善井网注采关系的同时，改善了区块的开发效果，达到了注采系统调整的目的。图3-34为萨中水驱中区东部高一组油层注采系统调整井网关系变化图。

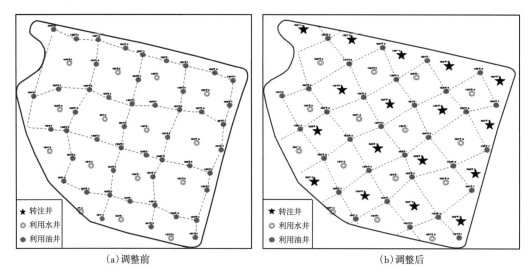

（a）调整前 （b）调整后

图3-34 萨中水驱中区东部高一组油层注采系统调整井网关系变化图

2. 完善井点注采关系

针对平面上由于套损、高含水、低产低效等关井引起的注采井点缺失的问题，一方面持续加大长关井治理力度，做到及时发现及时治理，尽早修复；另一方面，在工作量饱和的前提下，按照对开发的影响程度大小，制订治理优先顺序，优先安排低压井区、注水量影响量大井组实施治理，完善平面注采关系。

以萨中油田为例，目前水驱共有长关井1021口，占水驱总井数9.0%。其中长关注水井386口，套管问题关井占86.8%；长关采油井635口，套管问题、高含水、低产低效关井占84.9%。

在套损与高含水关井的治理思路上，坚持"两个优先"，即注入井优先，高产井优先。按照"由易向难、由简单到复杂"合理有序地开展治理工作。2017年安排长关井治理160口，其中注水井治理60口，单一措施（大修）治理开井59口，复合措施（大修+压裂）治理开井1口；采油井治理100口，单一措施（大修、压裂、补孔、堵水等）治理开井95口，复合措施（堵水+压裂、堵水+补孔、大修+压裂等）治理开井5口，预计年增注60×10⁴m³，年增油2.0×10⁴t。

低产低效井治理上采取"两个结合"，与措施改造相结合、与层系井网调整相结合。

2017年安排低效井治理120口井，其中因改善油水井对应关系，提高单井产能，压裂23口、补孔10口；加强注入端薄差层注水，放大采油井生产压差，换泵87口，预计年增油1.7×10^4t。

截至2018年底，近五年年均治理长关注水井68口，当年恢复注水量$120 \times 10^4 m^3$，年均治理长关采油井101口，当年恢复产油量2.9×10^4t。

3. 完善单砂体注采关系

1）实施井网重组，完善单砂体注采关系

实施井网重组，主要是受现阶段井网开发对象交叉，开采井段长，注采井距不均匀，油层动用差且不均衡，一、二类油层聚合物驱后储量闲置等问题影响。调整思路上立足现有井网，采用层系细分、井网重组的方式，结合三次采油上（下）返逐步缩小井段，有效开发各类油层，完善单砂体注采关系，提高油田最终采收率。

北一二排西萨葡区块按照上述调整思路，实施精细注采系统调整，完善单砂体注采关系。安排各类措施工作量463口井610井次，水驱446井次，取得了较好的效果。

（1）一次加密井实施葡一组层系转换。

为了配合高台子加密新井的投产，避免与其层系间互相干扰，对北一二排西一次加密井进行层系转换，封堵原来开采的葡二组+高台子，补开葡一组，释放封存储量。油井补堵34口井，水井补堵15口井，转注+补堵24口井，实施后平均单井油压下降1.6MPa，日配注下降$48m^3$，日实注下降$14m^3$；日产液增加57.8t，日产油增加2.1t，含水上升2.0个百分点。

（2）二三次加密调整井网对应补孔实施层系重组。

为了解决注聚封堵后水驱控制程度降低的矛盾，利用已有二次加密和三次加密井网开采萨葡三类油层。共计实施199口井，实施后平均单井油压下降0.4MPa，日配注增加$24m^3$，日实注增加$28m^3$；日产液增加15.8t，日产油增加1.0t，含水下降0.1个百分点。

2）应用精细油藏研究成果，实施采油井补孔，提高单井产能

随着开发地质认识的不断深入，对地下油层认识也越来越清晰，剩余油的挖潜也越来越准确，相应的采油井补孔的选井选层范围不断扩大。

以高107-47井为例。该井是北一区断东高台子的一口采油井，1987年9月投产，开采高Ⅰ10-高Ⅲ10，射开砂岩49.0m，有效厚度14.8m，补前日产液14.1t，日产油1.5t，含水87.0%。

分析该井未射开的高I1-9单元，发育为面积较为广泛的水下分流河道砂体，此类砂体由于发育较为复杂，在井距300m的井网控制条件下，对河道的走向及边界解释均较为基础，进而影响了对油水井对应关系的认识。2010年以后，随着精描研究成果的不断深入，对河道砂体的认识也越来越清晰，原来认为一类连通的油水井，实际上是三类连通关系，未射孔层内存在一定的剩余油富集。2011年7月应用井震结合精描研究成果实施补孔，补开高I2-7单元，补后日增液54.7t，日增油8.1t，含水下降了0.5个百分点。截至2018年底，该井日产油仍保持在6.5t，累计增油已达1.05×10^4t以上，取得了较好的经济效益。

五、精细注采结构调整方法

精细注采结构调整包括精细注水结构调整和精细产液结构调整两个方面。二者相辅相成，构成油田开发调整的基础。

精细调整是随着开发中水驱开采对象由一、二类油层向三类油层转移，动用储量不断减少、调整潜力小；高含水井增多、增产措施选井余地变小、措施效果变差等因素影响，要求我们在开发中转变调整观念，实现从定性到定量，从平面到纵向，从单井到小层的精细调整，进而有效改善波及面积，提高油层动用比例，实现精细开发。

1. 精细注水结构调整

注水井层间物性差异是阻碍油层动用的重要影响因素之一，当注水井层间物性差异较大时，即使采用分层注水，纵向上注入量也存在很大差异，如果细分注水的每段各小层之间的渗透率极差较大（大于 10），吸水差异很大，低渗透层则基本不吸水。从而造成高渗透层长期超注，低渗透层长期欠注或者不吸水，造成局部区域注采失衡，影响油田开发效果。所以加大细分技术标准研究、加大细分调整力度、控制层间差异，是精细调整注水结构的有效手段。

（1）深入动静态研究，定量细分注水调整的技术界限，加大层段细分优化重组比例。

进入特高含水后期，注水井开发矛盾由层段划分粗、细分程度低转化为注水效率低、开发效益差，因此需要加强大数据分析与研究，深化细分注水技术研究，依托分层注水数值模拟研究成果，细化形成新的注水井调整界限标准。

萨中水驱油田开发在不断的实践中，通过对精细注水标准不断的深入研究，继续引入了"注水强度变异系数"的概念。

注水强度变异系数是反映油层吸水均匀程度的参数，从注水强度变异系数与吨油耗水量关系（图 3-35）以及注水强度变异系数与采油速度关系（图 3-36）可以看出，二者之间有一定的规律性，即低于全区平均吨油耗水量的层段中 93.8% 的层段吸水强度变异系数小于 0.9，高于全区平均采油速度的层段中 89.4% 的层段吸水强度变异系数小于 0.9。0.9 可以作为控制注水强度变异系数的技术标准之一。

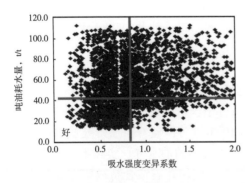
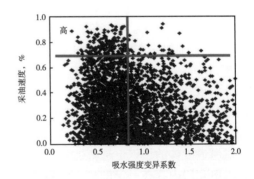

图 3-35　吸水强度变异系数与吨油耗水量关系　　图 3-36　注水强度变异系数与采油速度关系

注水强度变异系数：

$$\sigma = \sqrt{[(Q_{wH1} - \overline{Q_{wH}})^2 + (Q_{wH2} - \overline{Q_{wH}})^2 + \cdots + (Q_{wHn} - \overline{Q_{wH}})^2]/n} \quad (3-6)$$

式中　σ——标准偏差；

Q_{wH1}，Q_{wH2}，…，Q_{wHn}——各小层吸水强度；

$\overline{Q_{wH}}$——平均吸水强度。

$$Q_{wHV} = \sigma / \overline{Q_{wH}} \tag{3-7}$$

式中 Q_{wHV}——吸水强度变异系数。

衡量注水效率的指标：吨油耗水量 $= Q_{iw}/Q_o$。

衡量开发效益的指标：采油速度 $v = Q/N \times 100\%$

统计分析大量动态监测数据，注水井调整后，采出端见效有效期在 10~12 个月；注入端不发生调整，动用状况发生改变时间为 14mon 左右，故而由此确定，注水井调整最佳时机为 10~14 个月。

统计近年来同位素注入剖面资料，分析配注量、实注量、配注段数未发生变化及发生变化两种情况，在三者未发生变化的 585 口井中，吸水厚度随时间推移呈下降趋势；在三者发生变化的 1785 口井，吸水厚度随时间推移呈上升趋势，临界的时间短在 12~14 个月。图 3-37 为不同时间间隔吸水厚度变化情况。

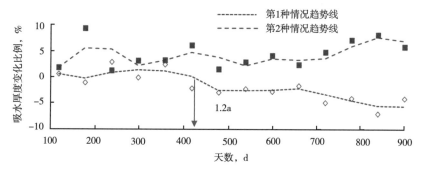

图 3-37　不同时间间隔吸水厚度变化情况

通过定量研究和应用此细分注水界限标准，加大了层段细分优化重组力度，有效地缓解了由于注水井细分调整选井难度加大、不利于动用状况改善的矛盾。仅 2017 年完成注水井层段重组调整 347 口井，调整井数增加了 119 口，其中层段调整井比例由上一年的 51.3% 提高到当年的 67.4%。日注水量细分调整井多下调了 863m³，层段重组调整井多下调了 4062m³，有效控制了低效循环。

（2）发展完善"四个结合"注水方案设计方法，解决注水开发中的油层动用不均衡矛盾，提高细分后油层动用程度。

"四个结合"是指细分调整与低效循环层控注相结合、与套管损坏层防控相结合、与注聚封堵层停注相结合、与新老井匹配调整相结合。根据面临的含水上升快、套损严重、水驱聚驱干扰、注采不平衡等开发矛盾，"四个结合"不断发展完善精细注水调整方法，解决油层动用不均衡矛盾。

①与低效循环层控注相结合，运用示踪流量模拟技术，寻找低效循环层。

根据示踪模拟结果，高 137-36 井、高 138-斜 355 井与高 237-斜 355 井（图 3-38）在高Ⅲ5 油层存在高渗流通道的可能性，结合动态资料（图 3-39、图 3-40、图 3-41），综合判定高 137-36 井与高 237-斜 355 井的高Ⅲ5 油层存在渗流通道，对高Ⅲ5 进行细分单卡停注。

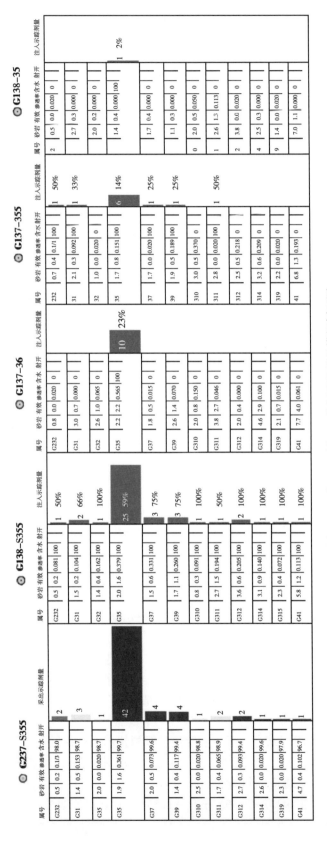

图 3-38 高 237-斜 355 井组示踪流量模拟剖面图

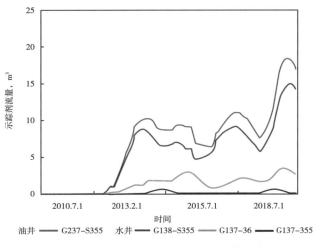

图3-39 高Ⅲ5单元示踪剂流量变化曲线

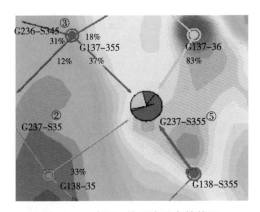

图3-40 高Ⅲ5单元渗透率等值图

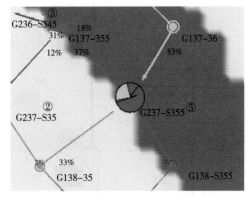

图3-41 高Ⅲ5单元相带图

②与套管损坏层防控相结合，对套损井段优化重组，释放非套损潜力层。

2016年4月，南1-11-229井证实802.4m处变形，套损发生后及时对套损层段实施停注，但陪停油层厚度较大影响了这些油层的有效动用，因此针对SⅡ15+16-SⅢ3层段优化重组，对萨Ⅱ15+16细分停注，萨Ⅲ1-3日配注15m³。

③与注聚封堵层停注相结合，对注聚层段优化组合，避免水聚驱干扰。

东21-505井为配合注聚封堵萨Ⅱ4-13，避免水聚驱干扰。聚驱后分析萨Ⅱ10-13层段含水较低，存在一定的剩余油，对原封堵的萨Ⅱ4-13段实施细分单卡，萨Ⅱ10-13日配注增加15m³。

④与新老井匹配调整相结合，对层系转换井段优化组合，做好匹配调整。

在注采系统调整过程中（图3-42），通过将原井网老注水井北1-1-422补堵结合、提高新注水井注水强度，进行新老井匹配调整（图3-43）。

（3）优化注水井调整方案设计，实施个性化调整，最大限度提高地层能量供给。

针对特高含水开发阶段水驱注采比偏低、注水压力空间大、地层压力低，储量转移后可调整层段少等问题，按照总量控制、均衡调整、适当放开的原则，采取用足压力空间、合理

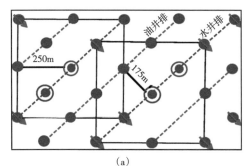 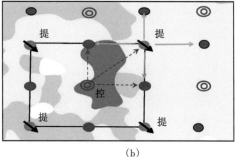

（a）　　　　　　　　　　　　（b）

图 3-42　注采系统调整示意图

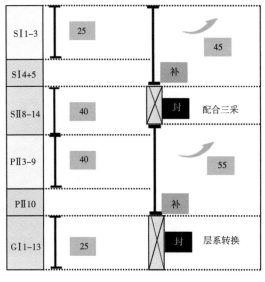

图 3-43　B1-1-422 井匹配调整示意图

增加注水量等方法，实施个性化调整。

做法 1：通过测调提水提压，保持注入压力上限控制在上覆岩压以下 0.5MPa。

以南 1-31-238 井为例（表 3-7），该井分 5 段注水，层段划分较为合理，调整前日注水 185m³，能够较好完成配注水量，但该井注水压力只有 8MPa，与上覆岩压压差达到 2.6MPa。从该井的注水层段内各项地质参数数据可以看出，PⅢ—PⅤ三个注水层段平均渗透率较高，突进系数小，存在上提配注潜力，且从该井的同位素资料显示，该井对应 PⅢ—PⅤ的葡 2-高 1 沉积单元吸水比例低，动用程度差，需要提高压力提高注水量，该井于 2013 年 12 月实施测试调整，日注水量由原来的 185m³ 上提到

215m³，提水后 PⅢ—PⅤ三个注水层段同位素资料显示，吸水层段由原来的 1 段增加到 7 段，注入效果得到了较好改善。

表 3-7　南 1-31-238 井注水层段内各项地质参数数据表

层段	小层数 个	砂岩厚度 m	有效厚度 m	平均渗透率 D	层间变异系数	突进系数
SⅡ-13 至 SⅢ-1	9	4.9	1.8	0.13	0.71	1.86
SⅢ-4 至 SⅢ-10	8	3.7	2.1	0.47	0.86	2.12
PⅡ-1 至 PⅡ-5	6	4.4	2.7	0.32	0.43	1.18
PⅡ-8-9 至 PⅡ-9	7	3.1	2.1	0.35	0.39	1.26
高Ⅰ-1 至 高Ⅰ-9	6	3.2	2.2	0.27	0.66	1.53

做法 2：对于有细分余地的井，结合细分提水提压。

中 3-新 24 井破裂压力 12.76MPa，调整前注水压力 11.43MPa，压力空间为 1.33MPa，

日配注 190m³，日实注 213m³。2011—2013 年，中 3-新 24 井注水压力由早期的 12.1MPa 下降至目前的 11.43MPa，对应的 3 年 3 次同位素注入剖面图来看，砂岩吸水厚度比例由 59.7%下降到 46.1%，动用程度下降明显，2014 年 3 月针对该井原来吸水能力差的 PⅡ5-PⅡ10 层段，根据各单元不同的地质参数，对地层性质发育相近的层段实施细分调整并加强注水，全井注水层段由原来的 4 段细分为 5 段，日注水量由原来的 190m³ 上提到 220m³，提水后周围油井平均日产液 61t，含水 95.1%，静压 7.72MPa，平均沉没度 171.2m。

做法 3：根据套损敏感层位的分析，适当提高萨Ⅱ4 及以上注水强度，单卡停住、释放陪控层。

西 521-斜 326 井是西部过渡带的一口加密调整井，2011 年 11 月投产，射开砂岩 26.4m，有效 9.9m，按大庆油田第一采油厂套损防控要求，注水中严格控制 SⅠ及 SⅡ油层组注水强度在 4 MPa 一下，全井日注水量 52m³。

该井破裂压力 14.07MPa，调整前注水压力 11.62MPa，压力空间高达 2.45MPa，周围油井沉没度只有 198m。根据此实际开发情况，分析该井及周围区域的套损风险，对该井原来的 SⅠ1—4+5 层段实施细分单卡，停注 SⅠ1，放开 SⅠ2-4+5，方案制订上做到优中选优，实施精细注水结构调整。调整后 SⅠ1—4+5 层段注水量由原来的日配注 10m³ 上调到 30m³，注水强度由原来的 1.0m³/（d·m）提高到 3.4m³/（d·m），仍然控制在要求的 4 MPa 以下，油层动用层段却得到了较好的改善。

做法 4：通过井组注采平衡分析，适当放开配合注聚长期封堵层、停注层，提高供液能力。

北 1-72-546 井（图 3-44）是北一区断东萨葡的 1 口二次加密调整井，1996 年 5 月投产，射开砂岩 33.8m，有效 10.6m，周围连通 5 口采油井。其中 SⅡ12～SⅢ8 段配合注聚封堵，停注 5 年后，周围油井日产液 356t，含水 92%，平均沉没度 95.6m，地层能力亏空严重。随着对应聚合物驱区块进入后续水驱阶段，考虑放开部分封堵层段，原 SⅡ12～SⅢ8 段细分为 2 段，2014 年 6 月考虑新增标准层套损井区控制注水的情况下，对全井实施细分调整，日配注由原来的 190m³ 调整为 175m³/d，注水格局更加合理，初期周围油井沉没度增加了 35m，地层能力得到了较好补充。

通过精细注水结构调整，注水井调整方案以提高注水质量为核心，提控结合，加强两低井区和措施井区注水，控制三高井区注水，使全区注水压力空间进一步缩小，薄差油层动用程度得到了有效提高。

2. 精细产液结构调整

油田开发进入特高含水期，油田开发的调整思路逐步从"控水调结构稳产量"向"优化产液结构、促效益最大化"转变。在油田开发中通过"富油区提液，加大挖潜力度；低效单元控液，降低低效循环"的调整思路，采取在工艺上精细设计压裂方案、应用先进工艺堵水等方法，适时优化调整产液结构，实现有效降水增油，进而实现低投入高收益的经济目标。

1）在工艺措施上，突出地质与工艺参数的优化设计，提高压裂增油效果

多年来，萨中油田在压裂井的选取及实施工作中，形成了切实有效的"技术五结合，管理六到位"的管理模式，使压裂效果一直保持较好水平。其中，"技术五结合"包括目的层的选择与压前培养相结合、地质方案设计与工艺设计相结合、工艺参数选择与油层性质相结合、压裂技术监督与关键环节相结合、机采参数与压后保护相结合。"管理六到位"

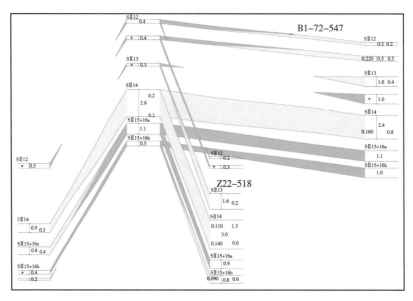

（a）SⅡ14—15+16栅状图

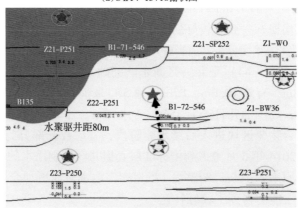

（b）SⅢ5+6a单元沉积相带图

图3-44　北1-72-546井单元沉积相带图

包括压前培养到位、方案设计到位、工艺优化到位、现场监督到位、参数调整到位、压后保护到位。

随着开发过程中压裂选井选层难度逐步加大，我们在提高压裂工艺技术上做文章，不断发展选井选层上新工艺的应用，对其中的"地质与工艺参数相结合"在地质参数和工艺参数设计上又进行了完善和研究，在压裂方案上优中选优，用技术保障压裂效果，提高单井开发效果，实现较好经济效益。常用的方法有以下2种方法。

（1）决策树分析法——完善压裂选井选层界限标准。

在借鉴以往经验的基础上，应用大数据分析思路和方法，通过分析近年来大量的压裂数据，考虑多因素间的相互影响，建立了压裂选井选层决策树模型，研究了压裂效果界限标准。

①研究压裂选井选层技术路线图，如图3-45所示。

②突破压裂选井选层界限，拓宽选井选层标准。

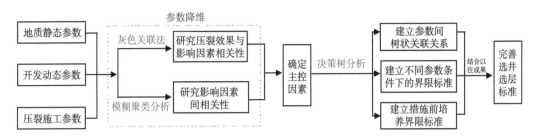

图3-45 压裂选井选层技术路线图

研究表明，压裂效果好坏不仅与采出井本身地质条件、生产状况有关，同时与周围注水井的注入状况密切相关，二者间的关系复杂，压裂效果也差别较大，如图3-46所示。

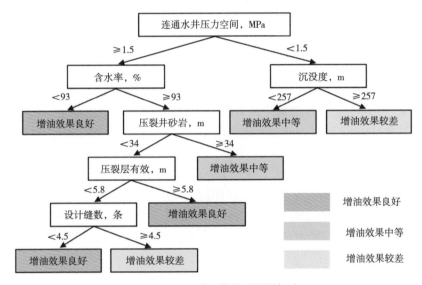

图3-46 压裂选井选层界限标准

③做好压前培养，有效积蓄地层能量。

进一步对压裂样本中实施措施前培养的井进行了分析（图3-47、图3-48），研究培养程度与压裂效果的关系，培养天数在60d以上、培养层注水强度应在$4\sim8m^3/(d\cdot m)$，压裂效果较好。

通过研究，进一步完善了地质选井选层的界限标准，为工艺参数优化奠定基础，见表3-8。

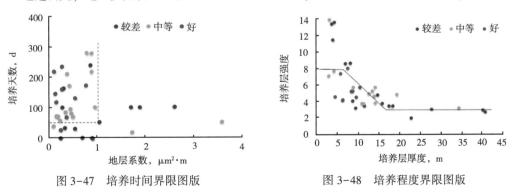

图3-47 培养时间界限图版　　　　　图3-48 培养程度界限图版

表 3-8　压裂选井选层标准变化表

项　　目		以往标准	新标准
产液强度，t/(d·m)	采出端	≤6	≤6
连通水井数，口	注入端	≥2	≥2
井况	采出端	井径≥108mm	井径≥108mm
总压差，MPa	采出端	≥-1.5	≥-1.5
综合含水，%	采出端	低于平均	≤93
措施有效厚度，m	采出端	≥5	≥6
沉没度，m	采出端	低于全区	≤300
水井压力空间，MPa	注入端		≤1.5
措施培养时间，月	注入端		≥2
措施培养强度，m³/(d·m)	注入端		4~8

以高 107-21 井为例，该井 1985 年 4 月投产，周围连通 4 口注水井，射开砂岩 40.6m，射开有效厚度 8.6m，压裂前日产液 11.3t，日产油 2.0t，含水 82.6%，属于一口低产低效井。从该井数值模拟剖面来看，高 I 2-15、高 I 19-20 段低产液低含水，动用效果较差，存在压裂潜力。其周围连通的注水井高 109-CS20 井对应层段吸水较差，能量供给不足，2017 年 3 月对高 109-CS20 井吸水较差的层段实施压裂，压后日配注增加 60m³，日实注增加 51m³，在此做好压前培养的基础上，2017 年 11 月对高 107-21 井实施压裂，压裂后日产液增加 28t，日产油增加 5t，含水下降 1.1 个百分点。

（2）数值模拟法—优化了工艺参数设计图版。

应用 Petro-Re 软件，在 250m 井距条件下，通过改变裂缝半长，模拟砂量和增油关系，结果表明：累计增油量随着砂量加大逐渐上升，到达临界加砂量后，累计增油量放缓（图 3-49）。

厚度级别，m	最大增油量，t	临界加砂量，m³	裂缝半长，m
<0.5	195	46	70
0.5~1.0	300	75	89
1.0~1.5	381	96	100
>1.5	415	108	107

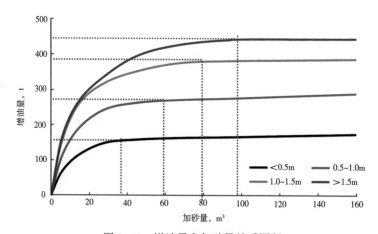

图 3-49　增油量和加砂量关系图版

累计收益随着加砂量增加逐渐上升，达到最优砂量开始下降，最后达到极限砂量时，经济收益为零（图3-50）。

厚度级别，m	最优投入产出比	最优砂量，m³	极限砂量，m³
<0.5	1.81	28	75
0.5~1.0	2.29	38	115
1.0~1.5	2.65	42	125
>1.5	2.93	50	150

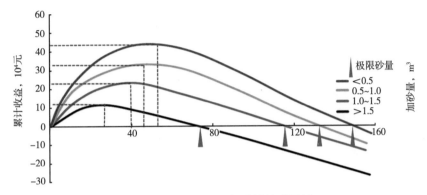

图3-50　累计收益和加砂量关系图版

在压裂选井潜力受限的情况下，依托精细地质对砂体的再认识，完善选井选层标准优化措施工艺参数，压裂效果明显提高。2017年共实施压裂137口井，平均单井日增油4.5t，其中增油5t以上井达标率提高了4.5个百分点。

2）建立分类研究、分类挖潜的个性化挖潜模式

水驱目前高产井比例低、低产井比例高（表3-9）。如何对高产井重点保护，低产井加大治理，实现高产继续高产、低产变高产是开发调整重点。

表3-9　水驱日产油量分级统计表

产油分级	井数口	比例%	日产液t	日产油t	含水%	流压MPa	沉没度m
<1t	1597	27.4	26.16	0.58	97.79	3.40	331
1~3t	2743	47.0	54.18	1.83	96.62	3.33	293
3~5t	1005	17.2	78.67	3.81	95.15	3.35	286
5~7t	320	5.5	93.05	5.84	93.72	3.41	289
≥7t	172	2.9	110.04	9.07	91.76	3.54	298
小计	5837	100	54.51	2.26	95.85	3.36	302

（1）高产井。

在不同的油田开发阶段，高产井的定义范围也必不相同，一般我们以单井产量为依据，把占全区采油井比例5%左右的采油井划归高产井范围。现阶段萨中油田开发中，我们把日产油大于7t的井定义为高产井。则从数据统计来看，高产井占比为2.9%，从其分布来看，主要集中在断层区、套损区等注采关系不完善的区域，其中断层区高产井占比例

达 64.7%，占比较大，套损区井数占比 18.3%。

在开发调整上高产井以挖潜为主，注入端加强注入、保证充足的供液；采出端及时跟踪分析，放大生产压差，确保平衡注采。

以 B1-3-S0981 井为例，该井为北一、二排西部断层区的一口大角度斜井，于 2015 年 11 月投产，射开砂岩厚度 55.70m，有效厚度 29.20m，周围连通 2 口注水井。投产初期日产液 76.2t，日产油 5.4t，但产量下降较快，到 2016 年 3 月日产液下降到 52.2t，日产油 3.5t，分析受其周围注水井 B1-D3-P40 井欠注影响，故对 B1-D3-P40 井实施酸化，日增注 26m³，B1-331-35 井测试调整，上提水量 30m³，之后该井连续实施二次换泵，放大生产压差，保持合理工作制度，措施后日增油 3.6t，措施效果理想。

（2）低效井。

低效井中，由于自身油层发育导致的高产液高含水井占比 32.28%、低产液高含水井占比 27.74%；配合三采封堵开采层变少变差导致的低产液高含水井占比 20.55%；注采关系不完善导致的低产液高含水井占比 19.42%。从低效井分布看，过渡带地区和中区小井距区域相对集中。

低效井治理上采取"提控结合"的思路，控水挖潜双管齐下，按照"一井一策"的分类治理模式，实施开发、油藏、工程一体化治理，提高单井产能。

具体做法上，对于高产液高含水井，采出端应用优势渗流通道识别技术和压电开关找堵水技术，找准低效无效循环层，采取有效措施控制无效注采，注入端对连通水井水量调整进行调整，控制低效无效循环。对于低产液高含水井，如果有剩余油潜力，实施压、补改造。

参 考 文 献

［1］上官永亮，赵庆东，宋杰，等．注水井合理配注方法研究［J］．大庆石油地质与开发，2003，22（3）：40-42.

［2］王家宏．萨尔图喇嘛甸油田分层注水强度分布规律研究［J］．大庆石油地质与开发，1998，17（2）：19-22.

［3］王立．注水井合理配注优化应用［J］．化工管理，2015，0（26）：85-86.

［4］廖占山，喻高明，韦燕兰，等．底水油藏流线模拟注水井组配注研究［J］．长江大学学报，2015，12（35）：64-67.

第四章　桥式偏心分层注水工艺

随着油田进入高含水开发期，开采对象逐渐由主力油层转变为薄差油层，油田开发向精细地质研究深入，对分层流量、分层压力等井下监测数据的测试精度要求不断提高，分层压力测试工作量也大幅度增加，原有分层注采技术配套的工艺已经不能满足开发需要，中国石油在常规偏心分注工艺基础上又研究应用了桥式偏心分层注水工艺、多级细分注水技术及配套高效测调工艺，实现了分层流量和压力测试"双卡"单测，解决了小卡距、小隔层、多级分注作业上提负荷大、常规测试效率低等问题，使分层注水技术又达到一个新水平。

第一节　分注及测试工艺原理

一、管柱结构及原理[1]

桥式偏心分层注水技术工艺管柱由内径为 φ60mm 的 Y341 可洗井封隔器、内径为 φ46mm 桥式偏心配水器、配水堵塞器、挡球等组成（图 4-1）。

配水器主体上有 φ20mm 偏心孔，用以坐入堵塞器。堵塞器在进、出液孔之间装有水嘴，通过调整水嘴的大小来控制分层注入量。测试密封段出液孔两端各装有一只密封胶

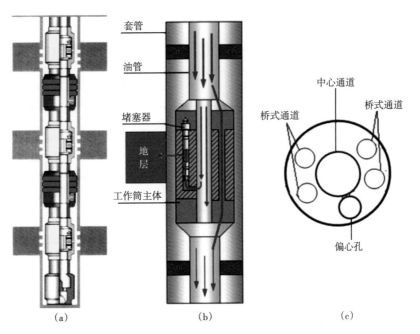

图 4-1　桥式偏心分层注水技术工艺管柱及原理

筒，可与配水器ϕ46mm 中心通道之间形成密封。偏孔内壁进液孔与工作筒中心 ϕ46mm 主通道相通，当测试密封段（连有相关测试仪器）坐到位后，恰好对准测试密封段两组皮碗之间的中心管出液孔，因此可以测得本层的单层段参数（流量或压力）。同时，由于ϕ46mm 主通道周围布有桥式通道，使本层段在进行流量或压力测试时，其他层段依然可以通过桥式通道正常注水，不改变其他层段的工作状态，最大限度地减小了各层之间的层间干扰，从而有效提高分层流量调配效率及分层测压效率。偏心配水器采用桥式通道设计，在某一层段进行投捞或测试时，不影响其他层的注入状况，同时还可减少因中心通道堵塞对下面层段注水的影响。

该工艺下井工具不受级数限制，可以应用试井钢丝对配水堵塞器进行井下投捞，调配水嘴并进行井下分层注水量的测试，或进行分层压力测试；也可以不投捞堵塞器，进行中心通道分层测压。

二、配套测试技术及工艺原理[2-5]

桥式偏心分层注水技术配套测试技术包括分层流量调配测试技术、分层验封测试技术、分层压力测试技术。

1. 分层流量调配测试技术

桥式偏心分层注水井在进行分层流量调配测试时，可根据所使用测试仪器的不同，采用不同的测试方法。采用集流方法，可直接测取各分层流量；采用非集流法时，先测取合层流量，再由测试数据处理软件自动用递减法计算出各分层流量。

1）集流法流量测试

使用集流法进行测试时，可将集流流量计与测试密封段总成相连，先将仪器串下过最下一级桥式偏心配水器 3~5m，然后上提仪器串至最下一级桥式偏心配水器以上 3~5m，使测试密封段总成定位爪张开，再将仪器串坐入该级桥式配水器内，测取该层流量，测完该层后，上提仪器串至上一级桥式偏心配水器以上 3~5m，再将仪器串坐入该级桥式配水器内，测取该层流量，依此类推，由下至上测完各层流量，每层所测得的流量即为该层的流量（图 4-2）。

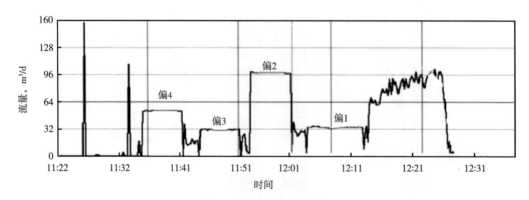

图 4-2　集流法测试曲线

集流法流量测试直接测取各分层流量，消除了绝对误差的迭加，测试资料准确度高。集流法流量测试主要配套仪器为集流式涡街流量计和平衡式测试密封段。

2）非集流法流量测试

使用非集流法测试时，将非集流流量计下至最下一级桥式偏心配水器以上 3～5m 的油管中，悬停 3～10min 完成该层流量的测试，然后上起仪器至上一层桥式偏心配水器以上 3～5m，测取该层流量，依此类推，自下而上测完各层水量，最后应用递减法计算出各层的单层注水量（图 4-3）。

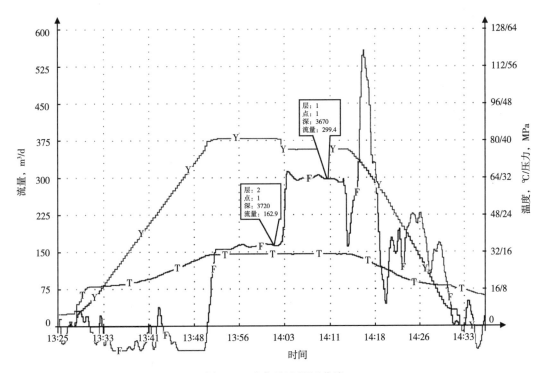

图 4-3　非集流法测试曲线

非集流法流量测试方法简便，可有效减少测试遇卡事故的发生。

非集流法流量测试主要配套仪器为非集流电磁流量计。

3）偏心配水堵塞器的投捞技术

进行分层流量调配时，需按流量资料和各层配注量调换大小不同的水嘴。这时就需要使用投捞器打捞和投送偏心配水堵塞器。

（1）偏心堵塞器打捞。

打捞偏心堵塞器时，通过销轴将打捞头与投捞器投捞爪相连，拧紧销轴。将连有震击器的投捞器下过目的桥式偏心配水器 3～5m，然后上提投捞器至目的桥式偏心配水器以上 3～5m，再将投捞器下放入桥式偏心配水器，将堵塞器打捞出来。

（2）偏心堵塞器投送。

装上需要调换的水嘴、滤网，将压送头与偏心堵塞器连接，并连接在投捞器的投捞爪上。将连有震击器的投捞器下过目的桥式偏心配水器 3～5m，然后上提投捞器至目的桥式偏心配水器以上 3～5m，再将投捞器下放入桥式偏心配水器，将偏心堵塞器投入桥式偏心配水器。

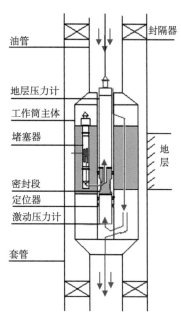

图4-4 验封测试技术原理

2. 分层验封技术

桥式偏心配水技术在下完配水管柱施工并坐封封隔器以后，需要对配水管柱进行验封测试，检验管柱的分层密封性能。图4-4是桥式偏心配水技术管柱验封技术原理。

进行管柱验封测试前，需要将各级桥式偏心配水器内装有死嘴子的偏心堵塞器打捞出来，按各层配注量换上不同水嘴后，重新投入各级桥式偏心配水器内。

进行管柱验封测试时，测试密封段两端各连接一只压力计（或采用小直径双通道压力计），地层压力计测试地层反应压力，激动压力计测试油管内激动压力；用钢丝将仪器串下至最下一级配水器下3~5m，再上提至配水器以上3~5m，打开定位爪，下放钢丝将密封段坐入配水器内，在井口做"开—控/关—开"进行压力激动，每一动作稳定3~5min；上压力计测试地层压力变化，下压力计测试油管压力变化；测试完毕上提，依次测出其他各层段的上下压力变化。

数据回放后，根据压力变化曲线判别各层的密封性能。若上下两只压力计测试的压力曲线形态完全一样，则说明封隔器不封；若两条压力曲线形态不同，说明封隔器密封良好（图4-5）。

由于桥式偏心配水器具有桥式通道，所以在一次验封过程中，相当于每一级封隔器均验两次，只要验封资料能表明该封隔器有一次是密封的，该封隔器就可解释为密封。

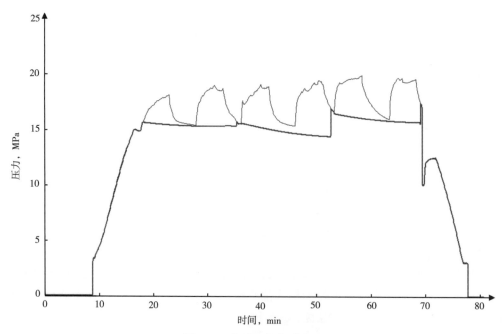

图4-5 分层验封测试曲线

3. 分层压力测试技术

有两种分层压力测试技术：投入式分层压力测试技术和免投捞式中心通道分层压力测试技术。

1）投入式分层压力测试技术

桥式偏心分层配水管柱投入式分层压力测试技术与常规偏心分层配水管柱分层压力测试技术，施工工艺相同。测试时，首先打捞出目的层偏心配水堵塞器，然后在目的层投入堵塞器式压力计进行压力测试；测试完成后，打捞出压力计，并重新投入原偏心配水堵塞器。

2）免投捞式中心通道分层压力测试技术

免投捞式中心通道分层压力测试技术是桥式偏心分层配水技术的创新点之一，其测试技术原理如图 4-6 所示。

测试时，将测试密封段与设置好的压力计相连接，用钢丝将仪器串下至最下部的目的配水器下 3~5m，再上提至配水器以上 3~5m，打开定位爪，下放钢丝将密封段坐入配水器内，丢手后起出钢丝。这样，自下而上，

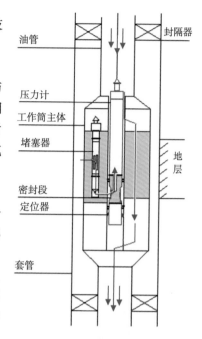

图 4-6　中心通道测压技术原理

依次在全部目的层配水器内投入压力计。测试完成后，自上而下，捞出全部压力计。

由于不用投捞偏心配水堵塞器，投捞次数减少了 50%；同时，由于采用中心通道关层测试，不改变正常的注入状态，消除了层间干扰，降低了井储，续流时间（系统达到稳定时间）明显缩短（图 4-7），既提高测试效率，又提高了测试资料的准确性，测压曲线如图 4-8 所示。

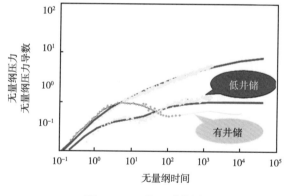

图 4-7　××井双对数图

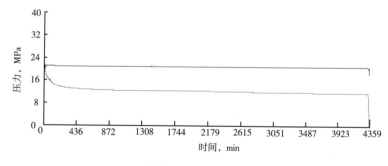

图 4-8　测压曲线

三、工艺技术特点

桥式偏心分层配水技术具有以下的特点。

（1）桥式过流通道的设计，消除了流量调配测试时的集流压差，减少了层间干扰，有效提高了分层流量调配测调效率；同时，实现了分层流量直接测试，测试绝对误差不迭加，提高了分层流量测试资料的准确度。

（2）桥式过流通道的设计，消除了中心通道集流压差，一次验封过程相当于每一级封隔器均验两次，有效提高了验封测试一次成功率测试效率。

（3）桥式过流通道的设计，实现了中心通道分层压力测试，不用投捞偏心配水堵塞器，减少了投捞次数，消除了层间干扰，缩短了续流时间，既提高测试效率，又提高了测试资料的准确性。

四、配套工具、仪器设计及技术指标[6-10]

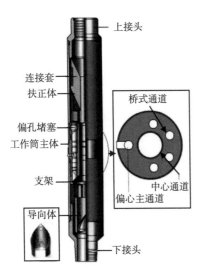

图 4-9　桥式偏心配水器
工作筒示意图

桥式偏心分层配水技术主要配套工具包括分层管柱工具和测试及投捞工具；配套仪器包括流量计、压力计等。

1. 配套分层管柱工具

配套分层管柱工具有桥式偏心配水器、Y341-114封隔器等。

1）桥式偏心配水器

桥式偏心配水器结构原理如图 4-9 所示。主要由偏心主体、连接机构、定位导向机构等组成。

桥式偏心配水器中心通道设计为 $\phi46mm$，偏心主体上设计有 $\phi20mm$ 偏孔（偏心主通道），用以坐入配注堵塞器；此外，偏心主体上还设计有 4 个桥式过流通道，当 $\phi46mm$ 中心通道被截流时，继续向下部层段注入液体。

桥式偏心配水器设计技术指标见表 4-1。

表 4-1　桥式偏心配水器设计技术指标

连接扣型	总长 mm	外径 mm	中心通道 mm	偏孔内径 mm	工作压差 MPa
2⅞in TBG	1040	114	46	20	30

2）Y341-114 封隔器

Y341-114 封隔器结构原理如图 4-10 所示，主要由坐封机构、解封结构、密封机构（密封胶筒）、锁紧机构等组成。

Y341-114 封隔器采用液力坐封、上提解封的工作机制：油管内加压，液压经过导液孔作用于坐封活塞，剪断坐封销钉；坐封活塞及坐封套上行压缩胶筒封隔油、套环形空间；其后活塞套上行被锁环卡止，使封隔器始终处于工作状态；上提管柱，剪断解封销钉，封隔器解封。封隔器中心管为流体流动通道，胶筒对油套管环形空间形成压力密封，锁环锁定胶筒状态。

Y341-114 封隔器技术参数见表 4-2。

表 4-2　Y341-114 封隔器技术参数

连接扣型	最大外径 mm	最小内径 mm	总长 mm	工作温度 ℃	工作压差 MPa	坐封压力 MPa
2⅞in TBG	114	60	786	120	25	15

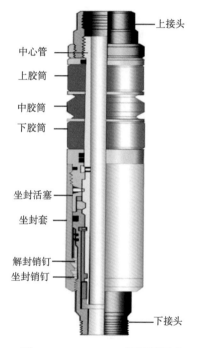

图 4-10　Y341-114 封隔器原理

2. 配套测试及投捞工具

桥式偏心分层配水技术配套测试及投捞工具主要有平衡式测试密封段、偏心钢丝投捞器、震击器、刮削式通井器等。

1）平衡式测试密封段

该测试密封段为挂式密封，由上下皮碗、主体、定位爪、凸轮等部分组成（图 4-11）。当地层压力大于井筒内压力时，通过液体两端最外面的两道皮碗自动密封。反之，当地层压力小于井筒内压力时，通过液体内端的两道皮碗自动密封，皮碗两端压差越大，其皮碗密封效果就越好。

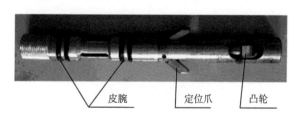

图 4-11　平衡式测试密封段

平衡式测试密封段技术参数见表 4-3。

表 4-3　平衡式测试密封段

连接扣型	总长，mm	质量，kg	外径，mm
M30×1.5mm	460	4	44

2）偏心钢丝投捞器

（1）结构组成和工作原理。

偏心钢丝投捞器主要由绳帽、上凸轮、支臂、下凸轮及导向爪组成，结构如图 4-12 所示。偏心钢丝投捞器采用录井钢丝携带，用于打捞和投送配水器内的偏心堵塞器。使用时钢丝穿入绳帽中，在绳帽内部打活结，当投捞遇阻超过额定载荷时可从活结处断开，可后续下入打捞工具打捞绳帽。投捞器上、下凸轮上均装有转块和扭簧，在投捞器下放过程中，导向爪遇阻收入投捞器内，可保证投捞器顺利下放。上提投捞器时，凸轮转块在桥式偏心配水器底部被刮向下，带动凸轮转动，使投捞臂和导向爪打开。导向爪可以保证投捞器在下放过程中，投捞臂正好对准桥式偏心配水器的偏心孔。投捞臂可分别与打捞头或压送头相连，实现桥式偏心配水器内堵塞器的打捞与投送。实物如图4-13所示。

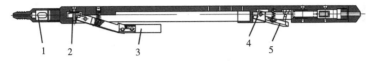

图4-12　偏心钢丝投捞器
1—绳帽；2—上凸轮；3—支臂；4—下凸轮；5—导向爪

图4-13　偏心钢丝投捞器

（2）技术参数指标。

投捞器的技术参数指标见表4-4。

表4-4　投捞器技术数据表

连接扣型	总长 mm	质量 kg	外径 mm	投捞臂张开外径 mm	导向爪张开外径 mm
M30×1.5mm	1200	10	44	96~106	51±0.5

3）震击器

震击器主要由内筒、外筒、震击腕、锁止杆、锁止弹簧、滑槽上肩及滑槽下肩等部件组成（图4-14）。用于震击其下部所连接的投捞器，以使偏心配水堵塞器顺利从偏心孔中起出或投入。震击器安装在投捞器的上部。

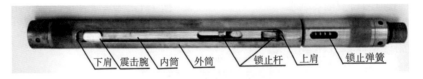

图4-14　震击器

震击器设计主要考虑震击力大小和其长度。震击器过短，冲程有限，震击力较小；震击器过长，震击力较大，但井口操作不方便。考虑到一般井下卡阻井况较为复杂，所以设计研制了两种自锁式机械震击器，400mm冲程、800mm冲程震击器（表4-5）。

表4-5　震击器技术参数

型号	连接扣型	闭合长度 mm	拉开长度 mm	外径 mm	质量 kg
400	M30×1.5mm	560	825	42	4.5
800	M30×1.5mm	1100	1880	42	9.8

震击器初始状态，内外筒通过锁止杆锁止。井下遇阻时，上提震击器，震击器内筒上移，当上提力大于锁止弹簧的弹力时，锁止杆缩进，瞬间，内外筒之间产生相对运动，震击器内筒上的震击腕撞击外筒上肩产生震击。然后，放松钢丝，震击器上部工具及震击器内筒在重力作用下下行，震击腕撞击外筒下肩产生震击。震击器的震动经其下端的刚性工具传递到遇阻部位，经过多次震动，使遇阻部位松动，解除卡阻。

震击器工作的过程实际是一个做功的过程，撞击能量跟加重杆重量及撞击时的速度平方成正比，因此要获得强大的震击力，获得震击器运动速度非常重要。震击器向下运动的速度靠加重杆的下滑获得，向下震击的能量比较有限，如果在大斜度井或高黏度井作业，震击器下落的速度就非常有限。震击器向上运动的速度可通过提高绞车滚筒速度获得，如果绞车操作得当，震击器可获得很大的上行速度。

4）刮削式通井器

刮削式通井器由自由旋转接头、主体、两组弹簧刮削刀片和锥形导向头组成（图4-15），用以清除中心通道壁面上的垢物。

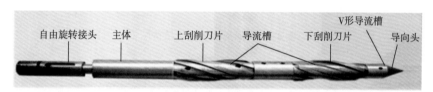

图4-15　刮削式通井器

自由旋转接头与主体通过轴承连接；上下两组各三个弹簧刮削刀片与导流槽相互间隔，呈螺旋形排列；锥形导向头上设计有四个对称排列的V形导流槽，以减少下放过程中液体的阻力。

螺旋形间隔排列的弹簧刮削刀片、导流槽和锥形导向头V形导流槽一起，组成液力驱动系统，使刮削式通井器在下放通井过程顺时针自由旋转，加强了刮削的效果。同时，弹簧刮削刀片可以胀缩，既保证了刮削的效果和通过性，又可减少遇卡的概率。表4-6是刮削式通井器的技术参数。

表4-6　刮削式通井器规格参数

连接扣型	总长，mm	质量，kg	外径，mm
M30×1.5mm	510	10	44

5）加重杆

加重杆为井下投捞工艺必选工具，一方面，应用于井口压力较高时，增加重力，使投捞工具顺利下入井内，另一方面，为震击增加冲力。目前，现场使用的加重杆为钨钼加重杆，加重杆的技术参数见表4-7。

表4-7　加重杆技术参数

连接扣型	总长，mm	外径，mm	质量，kg
M30×1.5mm	500	44	11.2
M30×1.5mm	300	44	6.6

五、配套测试仪器

配套测试仪器主要包括涡街式流量计、ZDL 型电磁流量计等。

1. 涡街式流量计

涡街式流量计主要由涡街传感器、阻流体、电路仓、电池仓、流道等部分组成（图 4-16）。其核心部分是涡街传感器。为了达到耐高温高压的要求，传感器和外壳整体焊接，整体采用不锈钢全密封结构（图 4-17）。电路仓内含流量测试、存储等电路。采用一节 3.6V1000mA·h 锂电池供电。

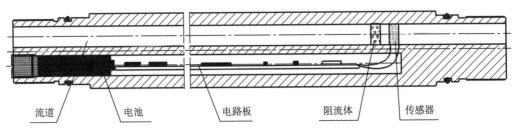

图 4-16　涡街式流量计结构图

图 4-17　涡街式流量计实物图

图 4-18 是涡街式流量计流量测试原理。

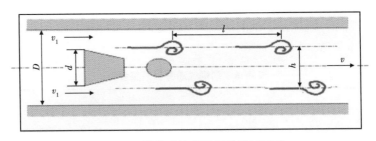

图 4-18　涡街式流量计流量测试原理

过流管径为 D、涡街发生体迎流面直径为 d、进口流速为 v_1、出口平均流速为 v，流量计的相应频率：

$$f = \frac{Sr \cdot v_1}{d} = \frac{Sr \cdot v}{m \cdot d} \tag{4-1}$$

式中　Sr——斯特劳哈尔数；

m——漩涡发生体两侧弓形面积与管道横截面积的比。

$$m = 1 - \frac{2}{\pi} \left[\frac{d}{D} \sqrt{1 - (d/D)^2} + \arcsin \frac{d}{D} \right] \qquad (4-2)$$

针对每一支仪器，m、d、D 为常数。一定的流量范围内漩涡的分离频率正比于管道内的平均流速，采用检测元件测出漩涡频率就可以推算出流体的流量。

测试体积流量：

$$q = K \cdot v = Ke \cdot f \qquad (4-3)$$

式中　Ke——仪器标定系数。

图 4-19 是涡街式流量计电路原理。涡街传感器采集的频率信号首先经过低频信号放大，然后经滤波后转换成可接收信号，再由单片机进行数据处理，并将处理后的数据存储到存储器内，最后通过 USB 接口将原始数据回放到笔记本内。

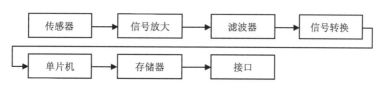

图 4-19　涡街式流量计电路原理框图

涡街式流量计的技术参数见表 4-8。

表 4-8　涡街式流量计的技术参数表

连接扣型	长度 mm	外径 mm	耐压 MPa	耐温 ℃	量程 m³/d	精度 %	记录数 点
M30×1.5mm	300	38	60	125	5~60	±2.0	10000

涡街式流量计具有以下特点。

（1）输出为脉冲频率，其频率与被测流体的实际体积流量成正比，不受流体组分、密度、压力、温度的影响。

（2）精度高，线性范围宽。

（3）无可动部件，可靠性高，结构简单牢固，安装方便，维护简便。

2. ZDL 型电磁流量计

ZDL 型电磁流量计为存储式多参数非集流流量计，主要由流量传感器、温度传感器、测试与数据处理电路、压力测试短节、电池筒、上下扶正器等部分组成（图 4-20）。

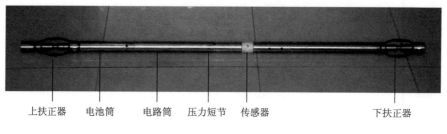

图 4-20　ZDL 型电磁流量计

根据法拉第电磁感应定律，当导电液体通过电磁流量计时，流体的体积流量：

$$Q = \pi DUe/4B \qquad (4-4)$$

式中　B——磁场强度；

　　　Ue——感应电压；

　　　D——管道内径。

电磁流量计技术参数见表4-9。

表4-9　电磁流量计技术参数表

外径 mm	长度 mm	耐温 ℃	耐压 MPa	分辨率 m^3/d	精度 %
35	980	40~125	60~80	0.1	1.0

第二节　多级细分注水技术

大庆油田属于非均质多油层砂岩油田，长垣内部储层由萨尔图、葡萄花和高台子三套油层的上百个小砂层和泥质岩交互组成，小层数较多，渗透率级差大。为了实现特高含水开发期4000万吨持续稳产的目标，开发要求对注采结构进行精细调整，水驱主要通过层间结构调整与层内结构调整实现对薄差层与厚油层的进一步挖潜。根据现场数据统计及油藏研究分析：注水层段由4段增加到7段，可提高油层动用程度6~8个百分点。多层段细分注水是开发动用薄差层、提高剖面动用程度的关键技术和重要手段。随着国内油田大力加强细分注水工艺技术的研究和应用力度，使分层注水技术取得了新的突破，应用规模不断扩大，有效提高了水驱开发效果。大庆油田是典型水驱油田之一，近年来，大庆油田在原有桥式偏心分层注水工艺基础上继续加大攻关细分注水技术，解决层段细分带来的小卡距、小隔层、管柱解封力大，以及分层流量测试调配、验封、投捞等效率低的问题，常规最高分注级数由3~5级提高到7级，满足0.7m卡距，0.5m隔层的细分，实现了多薄层更小卡距、更多薄层的分层注水。同时，加大攻关与之相配套的高效测调工艺，普通井测调一次由从前的3~4d缩短为现在的1~2d，工作效率提高一倍以上，降低了作业成本、缩短了占井时间，减少了测调装备、队伍和人员配备，提高了测调效率。

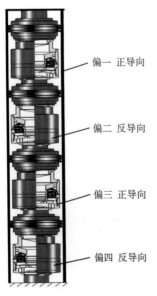

偏一　正导向

偏二　反导向

偏三　正导向

偏四　反导向

图4-21　多级细分注水井下工艺管柱示意图

一、工艺原理

多层细分注水工艺技术由地面控制系统及井下测调系统组成，井下工艺管柱（图4-21）由正、反导向偏心配水器及逐级解封封隔器组成，实现注水层段细分功能，测调时，高效测调仪由电缆携带由测试阀门下入，地面控制系统根据井下仪器的工作要求实现井下仪器供电，井下仪器供电后，测调控制线路会根据地面发送指令实现井下仪器的动作，根据不同导向的偏心配水器，打开相应的测调支臂，实现与井内配水堵塞器的对接，测调仪设计有上、下双层流量计，采用非集流方式实现该注水层段的流量数据采集工作，上、下流量计之差即为该层段配注水量，测调时，地面发出指令，即可对该层段配注量进行电动调配，调配过程中，被调配层段注入量可通过电缆信号传至地面，直接读出。地面观察调配效果，如效果不明显，重新调配，直至达到要求。

其特点有以下 3 点：

（1）采用正反导向桥式偏心与逐级解封封隔器组成细分工艺管柱，投捞时，正导向投捞器只能投捞正导向配水器中的堵塞器，反导向投捞器只能投捞反导向配水器中的堵塞器，正、反导向偏心配水器之间投捞互不干扰，将配水器的投捞间距扩展到隔层配水器的间距，从而缩小相邻两级配水器之间的间距。

（2）细分工艺管柱采用逐级解封封隔器，在施工作业上提解封时，封隔器从最上一级开始逐级进行解封，将管柱的上提负荷降到 30t 以内。

（3）在不同导向桥式偏心配水器中下入可调堵塞器，采用电控双导向直读式测调仪进行注水量的测试与调节，测调仪设计有正、反两个导向爪，由地面控制导向爪的打开、收回，实现与不同导向桥式偏心配水器中可调堵塞器的对接，地面控制调节注水水量的大小，达到高效测调的目的。

二、井下工具组成及性能指标

井下工艺管柱主要由正、反导向偏心配水器及可洗井封隔器组成，实现注水层段细分功能。作业完成后，由电缆测试车携带直读电动验封仪进行封隔器的验封，验封完成后再下入双导向直读测调仪进行分层流量的测试调配。

1. 正、反导向偏心配水器及投捞器

目前大庆油田分层注水技术主要采用的是偏心分注技术，两级偏心配水器间距要求至少要在 6~8m 以上才能保证投捞顺利、不投错层，无法满足细分注水要求，而封隔器的卡距主要受配水器间距的制约，因此研制了具有正、反导向的新型桥式偏心配水器（图 4-22），相邻两级配水器导向角度相差 180°，投捞时，正导向投捞器只能投捞正导向配水器中的堵塞器，反导向投捞器只能投捞反导向配水器中的堵塞器，投捞器均可在正反导向配水器中顺利通过，使正、反导向偏心配水器之间投捞互不干扰，将配水器的投捞间距扩展到隔层配水器的间距，相邻两级配水器的最小间距为 2m，实现细分要求。

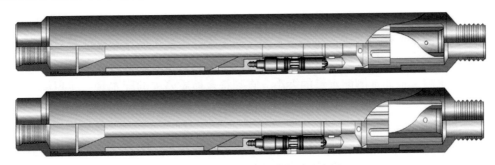

图 4-22　正、反导向配水器示意图

同时，为保证投捞器可靠进入相应导向配水器扶正体槽内，设计了双导向爪结构，打捞时支臂连接打捞头，而投送时连接投送头与堵塞器，两者距离导向爪长度不同，双导向爪可确保打捞臂进入扶正体前完成导向动作，避免误投、误捞（图4-23）。

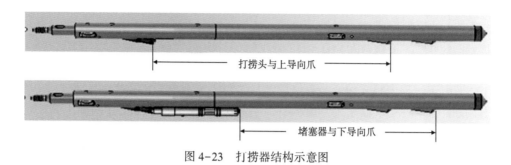

图4-23　打捞器结构示意图

2. 双导向双流量直读式测调仪

目前在用的直读式测调仪均为常规导向，与反导向配水器无法对接，无法实现正反导向细分注水工艺管柱。

因此研制了双导向双流量计直读式测调仪（图4-24），测调仪最大外径 ϕ42mm，无密封（盘根），采用上、下两个外磁式流量计结构，上部流量计位于配水堵塞器进水孔上方，下部流量计位于配水堵塞器进水孔下方，采用非集流方式实时测量流量，两者之差为该层段配水量。

图4-24　双导向双流量直读式测调仪

双导向双流量直读式测调仪以计算机为核心，以智能I/O模块作为数据采集和控制信号输出模块，以可调式堵塞器和配注执行机构组成配注流量调节执行机构，以喷墨打印机（选用件）为资料打印输出设备。整套操作软件均在Windows环境下完成。装置能够准确可靠地自动完成井下各层位的流量配注过程的控制和配注结果的记录等。由于操作软件设置了完整的中文提示和完善的帮助系统，使操作变得非常简便容易。电脑运算的加入及运算方法的更新，使运算结果更精确。大大提高了井下配注的工作效率和准确性（图4-25）。

进行流量测调时，在所测层段配水器上方，根据所测层段配水器导向方向由地面控制打开相应的导向爪，然后下放，与井下不同导向配水器中的可调堵塞器实现对接，利用对接传感器检查测调仪与配水堵塞器是否顺利对接，顺利对接后，通过调节臂开大或者关小配水堵塞器水嘴，地面观测配水量的大小，直到符合地质要求的配水量，实现细分井高效测调。

3. 逐级解封封隔器

注水层段增加，所需封隔器级数也将增加，原有的注水封隔器为单解封封隔器，由于应用级数增加，在套管摩擦力不足以剪断解封销钉的情况下，应用封隔器级数的增加将导

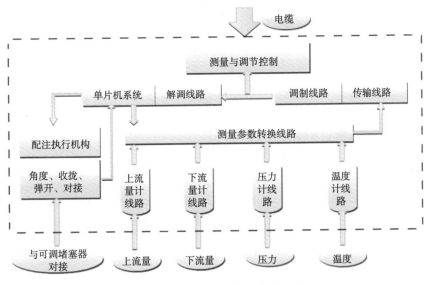

图 4-25　测调仪及信号传输系统

致解封力的增加，超过地面井架负荷而无法起出作业管柱。因此研制了逐级解封封隔器，封隔器采用双解封方式，上提管柱时，如整体管柱遇阻，中心管受力大，则上解封销钉断开，中心管与上接头分离，第一级封隔器解封，如胶筒受力大，则下解封销钉断开，封隔器解封。继续上提，以下各级封隔器依次解封，使 7 级分层管柱上提解封力控制 30t 以内，达到设计要求。由于封隔器在坐封及注水状态下上解封销钉受到解封力，因此在逐级解封封隔器上设计有平衡活塞，减小坐封和注水过程中油管中液体对上解封销钉产生的拉力（图 4-26）。

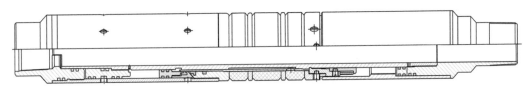

图 4-26　逐级解封封隔器示意图

4. 双级可调偏心集成注水封隔器

为了进一步缩小卡距，进行了偏心集成注水封隔器的研究，可将两级配水器的最小间距缩短到 0.7m。两偏心配水器偏孔成 180° 对称设置，将下部配水器的扶正机构嵌入封隔组件的中心管内，投捞采用双导向投捞器，测试采用双导向直读式测调仪，实现细分高效测调（图 4-27）。

5. 双组胶筒封隔器

注水井井下封隔器由于注水压力的变化会产生位移，为了解决 0.5m 小夹层的密封问题，采用双组胶筒封隔器（图 4-28），管柱在自由悬挂状态下至少有一组胶筒位于隔层内，注水时当管柱上移上组胶筒出层时，下组胶筒能进入到隔层内，实现密封；封隔器坐封机构设计在两组胶筒的中间位置，坐封时两组坐封活塞同时向两侧移动，保证了胶筒的

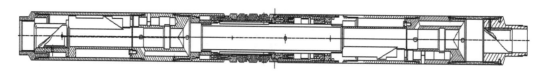

图 4-27　双级可调偏心集成注水封隔器示意图

坐封力，避免两组胶筒同时向一侧压缩由于摩擦力及两组胶筒中间的密闭空间油水无法继续压缩影响封隔器整体密封性能。

图 4-28　双组胶筒封隔器示意图

第三节　注水井高效测调工艺

随着油田分注井数及细分层段数的逐年增加，常规钢丝测试工艺效率低带来的测试工人劳动强度大、测试调配时间长等问题逐渐突出，为了确保"注好水"，控制自然递减率和含水上升率，必须有效保证注水合格率，提高测试精度，缩短测调周期，而缩短测调周期将导致测试工作量大幅度增多，测试队伍超负荷工作，测试质量受到一定程度影响。

为解决以上矛盾，中国石油攻关并推广了注水井高效测调工艺，该技术采用地面控制系统、井下测调仪、井下配注管柱的相互配合，实现了一次下井完成多层调配工作，改变频繁试配、投捞的调配方法，直观、快捷，大幅提高测调效率。

经多年的研究和完善，研制出用于控制井下各项操作和测量的地面控制系统，轴向连续调节的可调堵塞器，避免遇阻、遇卡的双流量井下测调仪以及双滚筒测试车，建立了仪器检定装置，并陆续研制了电动验封、电动投捞工艺，建立了高效测调工艺技术的行业和企业标准，使得注水井高效测调工艺技术得以在中国石油各大油田得到广泛应用。

一、工艺原理

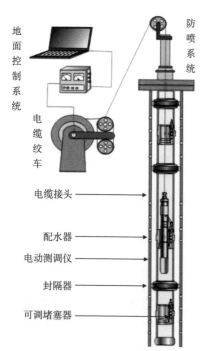

图 4-29　高效测调系统

高效测调技术（图 4-29）采用边测边调的方式进行流量调配和测试。井下测调仪通过电缆下入井中至需要调配的层段定位并坐封，测调仪调节臂与可调节偏心注水堵塞器对接；同时地面监视同步流量曲线，软件根据实时监测到的流量与预设配注量的偏差自动调整可调注水阀的水嘴大小，直到达到预设流量。该层调配完成后，收起调节臂下放/上提至另一需要调配的层段进行调配测试，直至所有层段调配完毕，而后根据层间矛盾的大小适当调整井口压力并对个别层段注入量进行微调，完成全井各层段的调配。最后采用上提/下放方式对全井调配结果进行统一检测。

二、地面控制系统

地面控制系统主要由地面控制仪、笔记本电脑及控制软件组成，地面控制仪由机箱机架、控制面板、直流电压表、直流电流表、数字通信连接器、电源输入连接器、井下供电连接器、地面供电模块、井下供电模块、数字处理模块、CPU中央控制模块组成，地面控制仪实物及软件测调界面如图4-30所示。

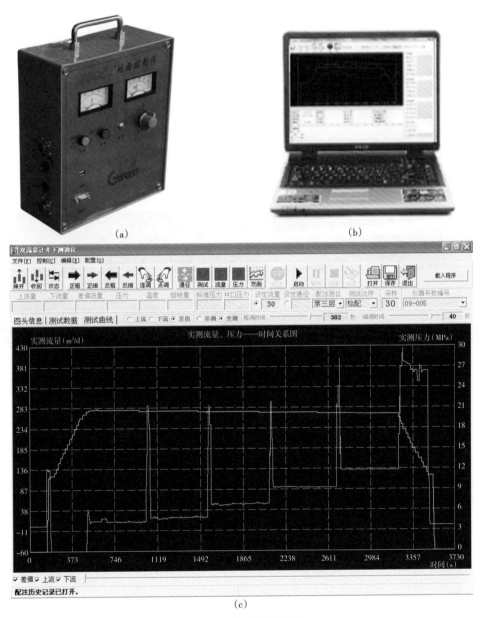

图4-30　地面控制系统

地面控制仪以 220VAC 为整机供电，以便携式计算机为操作控制中心，通过便携式计算机 USB 通信接口与地面控制箱完成数据通信，CPU 中央控制模块根据便携式计算机的操作指令信号进行串行编码，串行编码的信号经功率放大后载波于井下供电电源至连接单芯测试电缆的井下仪器，而井下仪器根据地面指令又将测试数据以串行编码形式发送回至地面 CPU 中央控制模块，CPU 中央控制模块再通过 USB 通信接口发送至便携式计算机进行数据处理、显示、存储。井下供电模块输出电压通过控制面板的电压调节旋钮根据实际井下仪器额定电压要求进行调节。主要完成过电缆供电、电压控制、电流监测、数据和指令的发送接收以及与电脑间的数据交换功能。

主要参数如下。

外形尺寸：400mm×320mm×110mm。

质量：10kg。

输入电源：220V±5%、50Hz±1。

输出电源：0~150V，0~300mA。

计算机通信：USB2.0。

供电与通信：单缆载波。

三、井下测调仪及信号传输系统研制

井下测调仪（图 4-31）要求如下。

图 4-31　井下测调仪

（1）长度不长于 2m，保证现场需要；最大外径 ϕ44mm 保证过流面积。

（2）完成调节臂收放、调节控制和对应的状态检测。

（3）完成与可调堵塞器对接状态检测。

（4）完成水嘴状态检测，实现嘴径可读。

（5）流量、压力、温度信号实时采集、快速传输和状态信号实时显示（图 4-32）。

达到的技术指标如下。

仪器最大外径：42mm。

仪器长度（含电缆头）：2100mm。

流量测量范围：5~350m³/d。

流量测量精度：±2.0%。

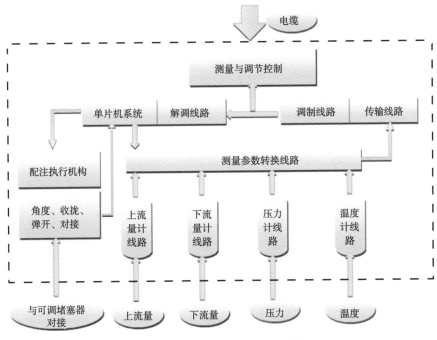

图 4-32 测调仪及信号传输系统框

四、系统的执行机构——可调堵塞器研制

（1）不改变原工艺堵塞器的外形尺寸。

（2）通过传动轴带动阀芯旋转，可连续调节水量，调节精度高，克服了以往频繁投捞试配的方法，减少投捞次数，提高测调效率。

（3）出水口按线性比例进行了优化设计，可获得准确当量水嘴直径（0~10mm）。

（4）氧化锆水嘴中加入钛粉，提高了抗冲击和抗射流冲蚀性能。

（5）全部关死漏失量（5MPa）小于 $2m^3/d$，完井时可直接下入可调堵塞器（图 4-33），完成封隔器坐封，减少投捞次数，提高测调效率。

图 4-33 可调堵塞器

五、单流量非集流偏心测调仪

1. 结构组成和工作原理[11]

单流量非集流偏心测调仪由电缆头、流量计、测控模块、电动机、调节臂、伸缩万向节传动机构、调节头、槽体、导向结构 9 部分构成，结构及实物如图 4-34 所示。

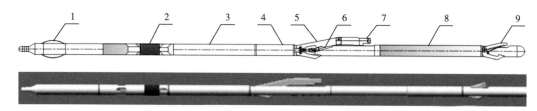

图 4-34 单流量非集流测调仪结构及实物
1—电缆头；2—流量计；3—测控模块；4—电动机；5—调节臂；
6—伸缩万向节传动机构；7—调节头；8—槽体；9—导向结构

工作原理：流量传感器位于调节机构的上方；测控模块下侧是电动机，调节机构为正反双向旋转调节臂，调节臂的内侧设有扭簧，一端由凸轮支撑，调节臂下有传动轴支座，调节臂与传动轴支座间转动连接，传动轴支座内设有传动轴，传动轴的一端接有堵塞器对接头，另一端由万向节与带花键的伸缩传动轴相连接，伸缩传动轴的另一端由万向节与电动机转轴相连接，传动轴上设有传动棘轮。调节机构通过凸轮、棘轮机构收放调节臂，扶正臂的收放与调节臂同步进行，电动机力矩的输出通过可伸缩的万向节传动轴。导向机构由下扶正臂和导向臂组成，扶正臂与导向臂对称布置。测试时，流量计可测得水井当前层或仪器下部所有层的流量。此种测调仪的优点是井下测调仪无需坐封即可测试，去除了易遇阻的密封皮碗，可用于任何偏心注水器，扩大了应用范围。单流量非集流偏心测调仪原理如图 4-35 所示。

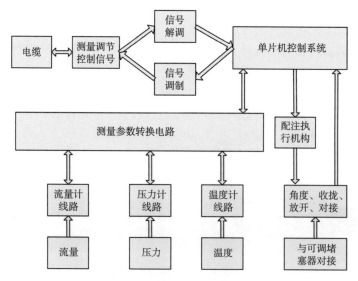

图 4-35 单流量非集流偏心测调仪原理框图

2. 技术参数

ZDCCT 单流量非集流偏心测调仪技术参数见表 4-10。

3. 技术特点

适用于普通偏心配水器、桥式偏心配水器、多功能偏心配水器分层注水工艺注水量调节。该仪器具体技术特点如下。

表 4-10 ZDCCT 单流量非集流偏心测调仪技术参数

参数	参数指标
外径	42mm
长度	2100mm（含电缆头）
质量	17kg
流量测量方式	非集流
流量计类型	电磁流量计
流量测量范围	$-50\sim-5m^3/d$，$5\sim500m^3/d$
流量测量误差	可测（$-50\sim-5\ m^3/d$），$\pm3.0\ \%$（$5\sim500m^3/d$）
压力测量范围	$0\sim80MPa$
压力测量误差	$\pm0.2\%$
电动机转速	1.5r/min
额定扭矩	$8N\cdot m$
工作温度	$0\sim85℃$，$0\sim125℃$，$0\sim150℃$
供电与通信	单缆数字载波

（1）调配效率高：全数字数据通信，数据地面直读、边测边调的测试调配方法，并且井下仪器可重复起下对任意层段进行调配，有效提高调配效率。

（2）兼容性好：测调仪不改变偏心注水井管柱机械参数，是偏心注水工艺的延伸和发展，具有良好的适应性。

（3）流量测试便捷：吊测时，流量计可测量当前层以下合成流量，测调效率高。

（4）流量测量准确：采用无级差连续可调配水堵塞器、集流式电磁流量计，流量调配测量精度更高。

（5）检测方法灵活：可采用上提或下放两种方式重复起下对全井调配结果进行统一检测。井下仪器调节臂可电动收拢，可实现任意层段测量并调节注水流量，有效减少由于层间干扰带来调配的诸多不便。

（6）测调直观：采用多个位置传感器，包括角度、收拢、放开、对接，它们能实时地反馈仪器的工作状态，直观了解仪器的井下工作情况，使测调工作能更准确、快捷、有效安全地进行。特别是角度传感器的应用，为调节过程的通径变量记录提供了有效方法。

（7）施工安全可靠：流量计采用非截流潜水式测量设计，结构定位采用无外露螺钉设计，导线布线采用隧道式过线设计，无节流密封圈，不易遇阻更安全。

六、单流量集流桥式偏心测调仪

1. 结构组成和工作原理

QPFCT 单流量集流桥式偏心测调仪主要由过载保护电缆头、磁定位器、压力/温度传感器、控制/测量模块、变速控制伺服电动机、凸轮离合器机构、调节臂装置、电磁流量计、坐封解封机构、凸轮滑块机构、坐/解封电动机、导向电动机、导向臂机构、加重杆连接机构14部分组成。QPFCT单流量集流桥式偏心测调仪结构及实物如图4-36所示。

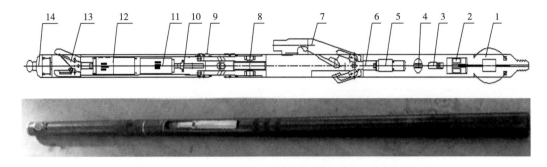

图4-36　QPFCT单流量集流桥式偏心测调仪结构及实物

1—过载保护电缆头；2—磁定位器；3—压力/温度传感器；4—控制/测量模块；5—变速控制伺服电动机；
6—凸轮离合器机构；7—调节臂装置；8—电磁流量计；9—坐封解封机构；10—凸轮滑块机构；
11—坐/解封电动机；12—导向电动机；13—导向臂机构；14—加重杆连接机构

在小流量注水井中，在测调联动双向调节技术的基础上，为了能够更精确地测量和控制目的层段的注水量，特研发了桥式偏心集流式测调仪。该仪器在测调联动双向调节技术的基础上增加一套密封机构，仪器处在工作位置时，密封装置通过电动机进行机械压缩后，对该层注水管内部面进行密封，使得注水管内该层段的所有流体都通过电磁流量计，再根据流量计所测量出来的数据对堵塞器水嘴进行调节。相对于普通测调联动双向测调仪，桥式偏心集流测调仪能够更精确地测量出当前层的实际流量值。

测调仪通过单芯电缆联接过载保护电缆头，再经电缆头连接磁定位器、测量控制模块、压力/温度传感器及变速伺服电动机。电动机输出轴通过高压防水密封后与调节臂机构连接，该机构上安装有收拢、放开、对接、角度位置传感器。调节臂机构下部连接电磁流量计、密封装置、变速伺服电动机，电动机输出轴通过高压防水密封后与导向机构连接，导向机构下部再连接加重杆连接头。

测调仪通过电缆线下放到注水井中需要测调的层段，通过磁定位器能够精确控制测调仪进入注水管柱中预定的位置；由地面控制仪器打开导向机构和调节臂装置，直到测调仪进入到需要测调的层段位置后，此时密封装置已经打开处于密封状态，调节臂机构也与堵塞器水嘴对接完成。然后开始对该层段流量、压力、温度等信号进行采集。由地面对井下传输的数据进行分析判断后，通过调节臂对堵塞器进行调节，控制目标层段注水量的大小。该层测调完成后，地面控制关闭密封装置，收起调节臂下放/上提至另一需要测调的层段进行测调，直至所有层段测调完毕，完成全井各层段的测调。单流量集流桥式偏心测调仪原理如图4-37所示。

2. 技术参数

QPFCT单流量集流桥式偏心测调仪技术参数见表4-11。

表4-11　QPFCT单流量集流桥式偏心测调仪技术参数

参数	参数指标
外径	42mm（流量计集流部分为44mm）
长度	2200mm（含电缆头）

续表

参数	参数指标
质量	17kg
流量测量方式	集流
流量计类型	电磁流量计
流量测量范围	$-30\sim-2m^3/d$，$2\sim60m^3/d$
流量测量误差	可测（$-30\sim-2m^3/d$），±3.0%（$2\sim60m^3/d$）
压力测量范围	$0\sim80MPa$
压力测量误差	±0.2%
电动机转速	1.5r/min（调节电动机）
	1.0r/min（导向电动机）
	1.5r/min（坐/解封电动机）
额定扭矩	8N·m（调节电动机）
	6N·m（导向电动机）
	12N·m（坐/解封电动机）
工作温度	$0\sim85℃$，$0\sim125℃$，$0\sim150℃$
供电与通信	单缆数字载波

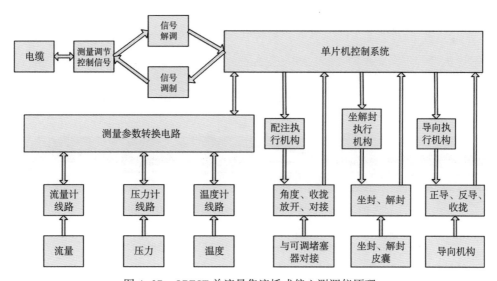

图4-37 QPFCT单流量集流桥式偏心测调仪原理

3. 技术特点

适用于普通偏心配水器、桥式偏心配水器、多功能偏心配水器及相对应反导向分层注水工艺注水量调节。该仪器工程施工中具体技术特点如下。

（1）流量测量准确：采用无级差连续可调配水堵塞器、集流式电磁流量计，小流量调配测量精度更高，与桥式偏心配水器中的可调堵塞器对接后，电控压缩皮碗坐封，实现单层流量直接测试，测调更直观，确保小流量测调准确性，更适应小注入量分层注水工艺。

（2）调配效率高：全数字数据通信，数据地面直读、边测边调的测试调配方法，并且井下仪器可重复起下对任意层段进行调配，有效提高调配效率。

（3）兼容性好：测调仪不改变偏心注水井管柱机械参数，是偏心注水工艺的延伸和发展，具有良好的适应性。

（4）流量测试便捷：吊测时，流量计可测量当前层以下合成流量，测调效率高；坐测时，可测量当前层流量，测试精度高。

（5）检测方法灵活：可采用上提或下放两种方式重复起下对全井调配结果进行统一检测。井下仪器调节臂可电动收拢，可实现任意层段测量并调节注水流量，有效减少由于层间干扰带来调配的诸多不便。

（6）测调直观：采用多个位置传感器，包括角度、收拢、放开、对接，它们能实时地反馈仪器的工作状态，直观了解仪器的井下工作情况，使测调工作能更准确、快捷、有效安全地进行。特别是角度传感器的应用，为调节过程的通径变量记录提供了有效方法。

（7）施工安全可靠：结构定位采用无外露螺钉设计，导线布线采用隧道式过线设计，不易遇阻更安全。

七、双流量单导向偏心测调仪

1. 结构组成和工作原理

双流量单导向偏心测调仪包括电缆头、上流量传感器、电动机、传动轴、上扶正臂、调节臂、压力温度传感器、线路板、下扶正臂、导向臂、下流量传感器、加重杆等。结构及实物如图4-38所示。

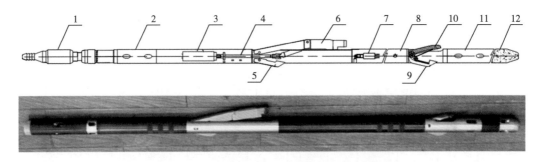

图4-38　双流量单导向偏心测调仪结构及实物

1—电缆头；2—上流量传感器；3—电动机；4—传动轴；5—上扶正臂；6—调节臂；7—压力/温度传感器；
8—线路板；9—下扶正臂；10—导向臂；11—下流量传感器；12—加重杆

工作原理：上流量传感器位于调节机构的上方，下流量传感器位于导向机构的下方，调节机构为正反双向旋转调节臂，调节臂的内侧设有扭簧，一端由凸轮支撑，调节臂下有传动轴支座，调节臂与传动轴支座间转动连接，传动轴支座内设有传动轴，传动轴的一端接有堵塞器对接头。另一端由万向节与带花键的伸缩传动轴相连接，伸缩传动轴的另一端由万向节与电动机转轴相连接，传动轴上设有传动棘轮。调节机构通过凸轮、棘轮机构收放调节臂，扶正臂的收放与调节臂同步进行，电动机力矩的输出通过可伸缩的万向节传动轴。下流量传感器位于导向机构的下方。导向机构由下扶正臂和导向臂组成，扶正臂与导向臂对称布置。测试时，双流量计同时工作，可测得水井当前层或合层的流量。此种测调仪的优点是井下测调仪无需坐封即可测试，去除了易遇阻的密封皮碗，同时可测量单层、合层流量，可用于任何偏心注水器，扩大了应用范围。ZSCCT 双流量单导向偏心测调仪原理如图 4-39 所示。

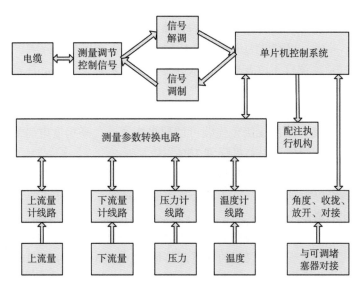

图 4-39　ZSCCT 双流量单导向偏心测调仪原理

2. 技术参数

双流量单导向偏心测调仪技术参数见表 4-12。

表 4-12　ZSCCT 双流量单导向偏心测调仪技术参数

参数	参数指标
外径	42mm
长度	2150mm（含电缆头）
质量	17kg
流量测量方式	非集流
流量计类型	双电磁流量计
流量测量范围	$-50\sim-5\text{m}^3/\text{d}$，$5\sim500\text{m}^3/\text{d}$
流量测量误差	可测（$-50\sim-5\text{m}^3/\text{d}$），$\pm3.0\%$（$5\sim500\text{m}^3/\text{d}$）
压力测量范围	$0\sim80\text{MPa}$
压力测量误差	$\pm0.2\%$
电动机转速	1.5r/min
额定扭矩	8N·m
工作温度	$0\sim85\text{℃}$，$0\sim125\text{℃}$，$0\sim150\text{℃}$
供电与通信	单缆数字载波

3. 技术特点

适用于普通偏心配水器、桥式偏心配水器、多功能偏心配水器分层注水工艺注水量调节。该仪器工程施工中具体技术特点如下。

（1）调配效率高：全数字数据通信，数据地面直读、边测边调的测试调配方法，并且井下仪器可重复起下对任意层段进行调配，坐测时，可通过上下流量差值直接获得当前层段的分层流量，有效提高调配效率。

（2）纠错能力强：双流量计结构设计为仪器自检提供了条件，悬挂测量流量时如果发生流量计测试值不一致，可判断为流量计悬挂位置不准确或仪器有故障。

（3）兼容性好：测调仪不改变偏心注水井管柱机械参数，是偏心注水工艺的延伸和发展，具有良好的适应性。

（4）流量测试便捷：采用吊测方式时，可测量当前层流量，测调效率高。

（5）流量测量准确：采用无级差连续可调配水堵塞器、高精度电磁流量计，流量调配测量精度更高，单层调配测量误差可降到10%以下。

（6）检测方法灵活：可采用上提或下放两种方式重复起下对全井调配结果进行统一检测。井下仪器调节臂可电动收拢，可实现任意换层段测量并调节注水流量，有效防止由于层间干扰带来调配的诸多不便。

（7）测调直观：采用多个位置传感器，包括角度、收拢、放开、对接，它们能实时地反馈仪器的工作状态，直观了解仪器的井下工作情况，使测调工作能更准确、快捷、有效安全地进行。特别是角度传感器的应用，为调节过程的通径变量记录提供了有效方法。

（8）施工安全可靠：流量计采用非截流潜水式测量设计，结构定位采用无外露螺钉设计，导线布线采用隧道式过线设计，无节流密封圈，不易遇阻更安全。

八、双流量双导向偏心测调仪

1. 结构组成和工作原理

双流量双导向偏心测调仪包括电缆头、上流量传感器、电动机、收放凸轮机构、伸缩万向节传动机构、调节臂、压力/温度传感器、线路板、收放电动机、收放凸轮、正反导向臂、下流量传感器、加重杆。结构及实物如图4-40所示。

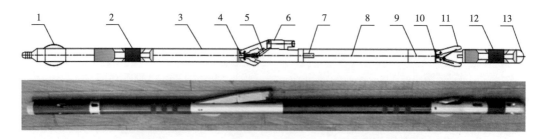

图 4-40　ZSSCCT 双流量双导向偏心测调仪结构及实物

1—电缆头；2—上流量传感器；3—电动机；4—收放凸轮机构；5—伸缩万向节传动机构；6—调节臂；7—压力/温度传感器；8—线路板；9—收放电动机；10—收放凸轮；11—正反导向臂；12—下流量传感器；13—加重杆

工作原理：上流量传感器位于调节机构的上方，下流量传感器位于导向机构的下方，调节机构为正反双向旋转调节臂，调节臂的内侧设有扭簧，一端由凸轮支撑，调节臂下有传动轴支座，调节臂与传动轴支座间转动连接，传动轴支座内设有传动轴，传动轴的一端接有堵塞器对接头，另一端由万向节与带花键的伸缩传动轴相连接，伸缩传动轴的另一端由万向节与电动机转轴相连接，传动轴上设有传动棘轮。调节机构通过凸轮、棘轮机构收放调节臂，扶正臂的收放与调节臂同步进行，电动机力矩的输出通过可伸缩的万向节传动轴。下流量传感器位于导向机构的下方。测试时，双流量计同时工作，可测得水井当层或合层的流量。此种测调仪的优点是井下测调仪无需坐封即可测试，去除了易遇阻的密封皮碗，同时可测量单层、合层流量，可用于任何偏心注水器，扩大了应用范围。双流量双导向偏心测调仪原理如图 4-41 所示。

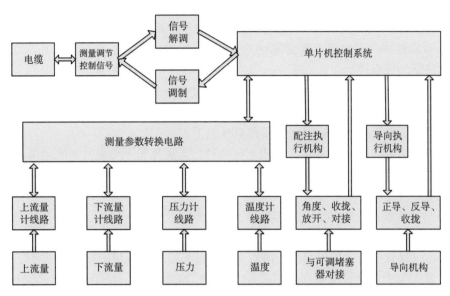

图 4-41 ZSSCCT 双流量双导向偏心测调仪原理

2. 技术参数

双流量双导向偏心测调仪技术参数见表 4-13。

表 4-13 双流量双导向偏心测调仪技术参数

参数	参数指标
外径	42mm
长度	2150mm（含电缆头）
质量	17kg
流量测量方式	非集流
流量计类型	双电磁流量计
流量测量范围	$-50\sim-5m^3/d$，$5\sim500m^3/d$
流量测量误差	可测（$-50\sim-5m^3/d$），$\pm3.0\%$（$5\sim500m^3/d$）
压力测量范围	$0\sim80MPa$
压力测量误差	$\pm0.2\%$
电动机转速	1.5r/min
额定扭矩	8N·m
工作温度	$0\sim85℃$，$0\sim125℃$，$0\sim150℃$
供电与通信	单缆数字载波

3. 技术特点

适用于普通偏心配水器、桥式偏心配水器、多功能偏心配水器及相对应反导向偏心配水器分层注水工艺注水量调节。该仪器具体技术特点如下。

（1）调配效率高：全数字数据通信，数据地面直读、边测边调的测试调配方法，并且井下仪器可重复起下对任意层段进行调配，坐测时，可通过上下流量差值直接获得当前层段的分层流量，有效提高调配效率。

（2）纠错能力强：双流量计结构设计为仪器自检提供了条件，悬挂测量流量时如果发生流量计测试值不一致，可判断为流量计悬挂位置不准确或仪器有故障。

（3）兼容性好：测调仪不改变偏心注水井管柱机械参数，是偏心注水工艺的延伸和发展，具有良好的适应性。

（4）流量测试便捷：采用吊测方式时，可测量当前层流量，测调效率高。

（5）流量测量准确：采用无级差连续可调配水堵塞器、高精度电磁流量计，流量调配测量精度更高，单层调配测量误差可降到10%以下。

（6）检测方法灵活：可采用上提或下放两种方式重复起下对全井调配结果进行统一检测。井下仪器调节臂可电动收拢，可实现任意换层段测量并调节注水流量，有效防止由于层间干扰带来调配的诸多不便。

（7）测调直观：采用多个位置传感器，包括角度、收拢、放开、对接，它们能实时地反馈仪器的工作状态，直观了解仪器的井下工作情况，使测调工作能更准确、快捷、有效安全地进行。特别是角度传感器的应用，为调节过程的通径变量记录提供了有效方法。

（8）施工安全可靠：流量计采用非截流潜水式测量设计，结构定位采用无外露螺钉设计，导线布线采用隧道式过线设计，无节流密封圈，不易遇阻更安全。

九、双导向电动投捞仪

1. 结构组成和工作原理[12]

双导向电动投捞仪由过载保护电缆头、磁定位传感器、线路模块、投捞电动机、电动敲击机构、打捞臂、投入臂、支撑机构、正反导向机构、导向执行电动机以及加重杆11部分组成。结构和实物如图4-42所示

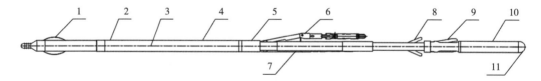

图4-42 双导向电动投捞仪结构

1—过载保护电缆头；2—磁定位传感器；3—线路模块；4—投捞电动机；5—电动敲击机构；6—打捞臂；
7—投入臂；8—支撑机构；9—正反导向机构；10—导向执行电动机；11—加重杆

双导向电动投捞仪通过单芯电缆连接扶正式过载保护电缆头，再经电缆头连接磁定位传感器、测量控制模块及变速伺服电动机。电动机输出轴通过高压防水密封后与电动敲击机构、打捞臂、投入臂连接，之间安置了收拢、放开、敲击到位次数传感器。接着下面是支撑机构、正反导向机构、导向执行电动机，导向执行电动机动力输出轴通过高压防水

密封分别可控制支撑机构收拢放开和导向正反导向机构正或反导向，最后是加重杆连接头。

双导向电动投捞仪由电缆绞车电缆下入注水井，至需更换可调堵塞器的层位上部。通过地面控制指令将打捞臂和导向爪打开至打捞状态。将双导向电动投捞仪下放使打捞头坐入偏心配水器可调堵塞器导入槽口，再进一步由双导向电动投捞仪产生敲击动作。敲击后，可通过可调堵塞器在线到位检测观察打捞头与偏心配水器可调堵塞器已经对接到位，然后紧接着控制支撑臂下行至可调堵塞器脱离偏心配水器。上提双导向电动投捞仪后收拢支撑臂和带可调堵塞器的打捞头，并通过地面控制指令将投入头和导向爪打开至投入状态。将双导向电动投捞仪下放使投入头坐入偏心配水器可调堵塞器导入槽口，再进一步由双导向电动投捞仪产生敲击动作。经过敲击后双导向电动投捞仪投入头上的可调堵塞器完全进入偏心配水器可调堵塞器安装孔，控制支撑臂下行至投入头与可调堵塞器脱离，投入头与可调堵塞器是否真实脱离，可通过投入头上可调堵塞器离线检测确定，确定可调堵塞器脱离投入头后，上提双导向电动投捞仪，收拢全部投捞、支撑

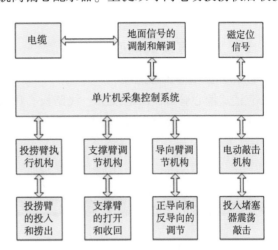

图 4-43　SDTL 双导向电动投捞仪原理

机构就可以上提双导向电动投捞仪至井口，这样，就使用 SDTL 双导向电动投捞仪一次下井完成一投一捞可调堵塞器的投捞作业，其原理如图 4-43 所示。

2. 技术参数

SDTL 双导向电动投捞仪技术参数见表 4-14。

表 4-14　SDTL 双导向电动投捞仪技术参数

参数	参数指标
外径	44mm
长度	1960mm（不含电缆头）
质量	16kg
耐压	80MPa
投捞敲击电动机转速	5~6r/min
投捞敲击电动机额定扭矩	20N·m
导向支撑电动机转速	5~6r/min
导向支撑电动机额定扭矩	20 N·m
工作温度	0~85℃，0~125℃，0~150℃
最大敲击力	0.70kN（投送堵塞器）
最大打捞力	3.8kN（打捞堵塞器）
供电与通信	单缆数字载波

3. 技术特点

（1）通用性强：双导向电动投捞仪为单电缆滚筒绞车完成堵塞器投捞作业，提供了有效技术保障。不受配水器的型号限制，适用于普通偏心、桥式偏心、双通路、多功能偏心配水器及相对应的反导向偏心配水器分层注水工艺注水管柱堵塞器打捞和投送。

（2）投捞效率高：双导向电动投捞仪一次下井完成一投一捞，提高了投捞效率。

（3）投捞过程直观：双导向电动投捞仪的投、捞臂的收拢、放开；导向臂的正导、反导、收拢；支撑臂的收拢、放开、支撑移动；堵塞器敲击入位；投、捞堵塞器等在线检测显示，为投捞过程提供了直观可靠的提示。

十、YFY 直读式偏心验封仪

1. 结构组成和工作原理

直读式偏心验封仪由电缆头、线路板、压力传感器、电机、活塞、传动轴、上胶筒、下胶筒、支撑臂等部分构成。结构及实物如图 4-44 所示。

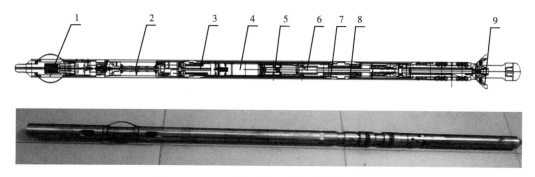

图 4-44　YFY 直读式偏心验封仪结构及实物

1—电缆头；2—线路板；3—压力传感器；4—电动机；5—活塞；6—传动轴；7—上胶筒；8—下胶筒；9—支撑臂

YFY 直读式偏心验封仪通过单芯电缆联接扶正/过载保护电缆头，再经电缆头联接压力/温度传感器、测量控制模块及变速伺服电动机。电动机输出轴通过高压防水密封后与支撑机构联接，之间安置了收拢、放开、对接、调节角度位置传感器。支撑机构下部连接着同心调节执行机构，执行机构下部再连接加重杆连接头。

YFY 直读式偏心验封仪由电缆绞车电缆下入注水井，直读式验封仪自带由地面控制的直读式验封仪打压式密封皮囊，坐封定位支撑臂也由地面可控收拢或放开，验封过程可以自下而上或自上而下反复进行，在普通、桥式偏心配水器注水井进行验封，电动验封仪采用皮囊打压式进行验封，YFY 直读式偏心验封仪原理如图 4-45 所示。验封仪通过电缆下入井中至需要验封的层段，打开验封仪支撑臂与偏心配水器坐封对接；随后开始对皮囊进行打压直至皮囊撑开密封，通过三组压力传感器上传的直读数据，实时监测到该层密封性。该层测试完成后，收起调节臂下放/上提至另一需要测试的层段进行测试，直至所有层段测试完毕，完成全井各层段的测试。地面控制仪均可以直读井下相关数据，特别是皮囊状态等井下信息在地面可直接判断，因此，新型直读式验封过程直观，验封测试数据可信度高。

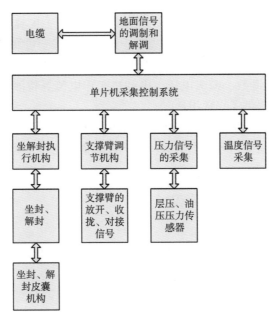

图 4-45 直读式偏心验封仪原理

2. 技术参数

YFY 直读式偏心验封仪技术参数见表 4-15。

表 4-15 YFY 直读式偏心验封仪技术参数

参数	参数指标
外径	42mm（验封密封段为 44mm）
长度	2230mm（含电缆头）
质量	18kg
压力计数量	三个（管柱压力、地层压力、皮囊压力）
压力测量范围	0~80MPa
压力测量误差	±0.2%
密封形式	扩张式
电动机转速	1.5r/min（调节电动机）
额定扭矩	8N·m（调节电动机）
工作温度	0~85℃，0~125℃，0~150℃
供电与通信	单缆数字载波

3. 技术特点

（1）通用性强：直读式偏心验封仪配有多种不同规格支撑臂。不受配水器的型号限制，适用于普通偏心、桥式偏心、双通路、多功能偏心配水器及相对应的反导向偏心配水器分层注水工艺注水管柱验封。

（2）可信度高：一般验封仪只有检测地层压力、管柱压力的二组压力传感器，而直读式偏心验封仪增设了皮囊压力检测压力传感器，实时监测到验封层封隔密封性，验封测试数据可信度高。

（3）封隔密封可靠：验封仪采用打液扩张式皮囊密封，皮囊采用高性能氟橡胶耐温高，特殊的皮囊结构使其具有极高的耐压差性，封隔密封安全可靠。

（4）验封过程直观：直读式偏心验封仪的地层压力、管柱压力、皮囊压力、支撑臂收拢/放开、封隔皮囊打液圈数、缆头电压、电动机工作电流等检测信息通过地面显示，为操作人员验封作业过程提供了直观指示。

（5）安全性能好：地面整机超载断电和井下电动机过载停转的双重保护，扩张式皮囊即使打液扩张坐封后电动机损坏无法解封，井下仪器依然能安全通过偏心配水器，为验封作业提供了安全保障。

十一、偏心测调验封一体化仪

1. 结构组成和工作原理

偏心测调验封一体化仪主要由过载保护电缆头、电磁流量计、测量/控制模块、电动机、凸轮离合器机构、调节臂机构、压力传感器、磁定位、电动机、离合器装置、密封胶筒、支撑臂、导向臂及加重杆连接头14部分组成。偏心测调验封一体化仪结构及实物如图4-46所示。

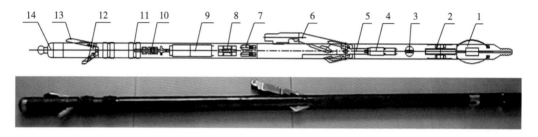

图4-46　偏心测调验封一体化仪结构及实物

1—过载保护电缆头；2—电磁流量计；3—测量/控制模块；4—电动机；5—凸轮离合器机构；
6—调节臂机构；7—压力传感器；8—磁定位；9—电动机；10—离合器装置；11—密封胶筒；
12—支撑臂；13—导向臂；14—加重杆连接头

工作原理：流量传感器位于调节机构的上方，测控模块下侧是电动机，调节机构为正反双向旋转调节臂，调节臂的内侧设有扭簧，一端由凸轮支撑，调节臂下有传动轴支座，调节臂与传动轴支座间转动连接，传动轴支座内设有传动轴，传动轴的一端接有堵塞器对接头，另一端由万向节与带花键的伸缩传动轴相连接，伸缩传动轴的另一端由万向节与电动机转轴相连接，传动轴上设有传动棘轮。调节机构通过凸轮、棘轮机构收放调节臂，扶正臂的收放与调节臂同步进行，电动机力矩的输出通过可伸缩的万向节传动轴。调节臂与导向机构之间增加了验封用的由电动机控制的一组密封胶筒。验封定位支撑臂和导向臂对称布置。

通过地面控制可以切换测调、验封功能。测调时，导向臂电控弹出，而验封定位支撑臂处于收回状态，流量计可测得水井当层或合层的流量。验封时，验封定位支撑臂电控弹出，而导向臂处于收回状态。偏心测调验封一体化仪原理如图4-47所示。

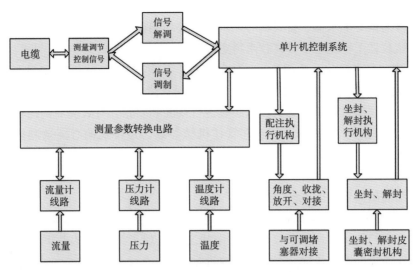

图 4-47　偏心测调验封一体化仪原理

2. 技术参数

PYC 偏心测调验封一体化仪技术参数见表 4-16。

表 4-16　PYC 偏心测调验封一体化仪技术参数

参数	参数指标
外径	42mm（验封段 44mm）
长度	2270mm（含电缆头）
质量	17kg
流量测量方式	非集流
流量计类型	电磁流量计
流量测量范围	$-50 \sim -5m^3/d$，$5 \sim 500m^3/d$
流量测量误差	可测（$-50 \sim -5m^3/d$），$\pm3.0\%$（$5 \sim 500m^3/d$）
压力计数量	2 个（管柱压力和地层压力各一个）
压力测量范围	$0 \sim 80MPa$
压力测量误差	$\pm0.2\%$
调节电动机转速	1.5r/min
调节额定扭矩	8N·m
验封密封方式	压缩式
坐解封电动机转速	1.5r/min
坐解封电动机扭矩	12N·m
工作温度	$0 \sim 85℃$，$0 \sim 125℃$，$0 \sim 150℃$
供电与通信	单缆数字载波

3. 技术特点

适用于普通偏心配水器、桥式偏心配水器、多功能偏心配水器分层注水工艺注水量调节和验封。该仪器工程施工中具体技术特点如下。

（1）检测项目多样化：测调验封一体化设计，一次下井可分别完成测调和验封。

（2）调配效率高：全数字数据通信，数据地面直读、边测边调的测试调配、直读验封方法，并且井下仪器可重复起下对任意层段进行调配和验封，有效提高调配和验封效率。

（3）兼容性好：不改变偏心注水井管柱机械参数，是桥式偏心高效测调工艺的新发展，具有良好的适应性。

（4）流量测试便捷：吊测时，流量计可测量当前层以下合成流量，测调效率高；坐测时，可测量当前层流量，测试精度高。

（5）测调直观：采用多个位置传感器，包括角度、收拢、放开、对接、导向、验封、坐封、解封，它们能实时地反馈仪器的工作状态，直观了解仪器的井下工作情况，使测调、验封工作能更准确、快捷、有效安全地进行。

（6）施工安全可靠：流量计采用非截流潜水式测量设计，结构定位采用无外露螺钉设计，导线布线采用隧道式过线设计，无节流密封圈，不易遇阻更安全。

十二、操作规程

高效测调工艺在现场实际操作过程首先应符合安全、环保的要求，其次，相关设备应适合现场实际环境使用指标要求才能进行，高效测调工艺操作流程如图4-48所示。

实际环境使用主要应该考虑以下几方面相关问题。

（1）防喷装置的耐压必须高于注水泵极限压力；防喷装置安装站人平台应在安全高度内，如果防喷装置高度超出安全高度，则防喷装置的安装需要借助于吊车或用液压升降装置进行；防喷装置应具备电缆穿越防喷（溢水）和溢水环保疏导功能；防喷装置下部应设置泄压阀（应加溢水环保疏导功能），以便井下仪器在常压下安全取出防喷管。

（2）防喷装置顶端应设置与电缆匹配的天/地滑轮，一方面满足电缆通过滑轮滚动升降，减小电缆升降摩擦力；另一方面电缆通过地滑轮改变了电缆在防喷装置顶端的受力方向，从而消除了电缆升降对防喷装置顶端产生的侧向张力，避免防喷装置因顶端受到过大侧向张力，造成防喷装置底部折伤或折断。

（3）使用电缆破断力必须达到施工过程中所需极限张力要求；电缆与井下仪器联接应具备超载拉脱机构，拉脱力一般设置在电缆破断力的三分之一左右，避免井下仪器在井下遇阻后无法起出电缆。

（4）井下仪器下井前应注意其额定耐温、耐压参数指标，以免井下仪器下井后因超温、超压受到永久性损坏。

（5）井下仪器下井前应根据井口注水压力挂接适当重量的加重杆，井下仪器和加重杆的重量必须超过井口注水压力对电缆上顶作用力，否则，一方面井下仪器无法顺利下行；另一方面因井下仪器配重不够，容易发生电缆自动向上穿越的"电缆飞天"事故。

1. 现场设备安装与检测

1）施工前准备工作

（1）采用钢丝绞车和堵塞器投捞器将可调堵塞器投到井下各层中，待注水稳定超过3h。

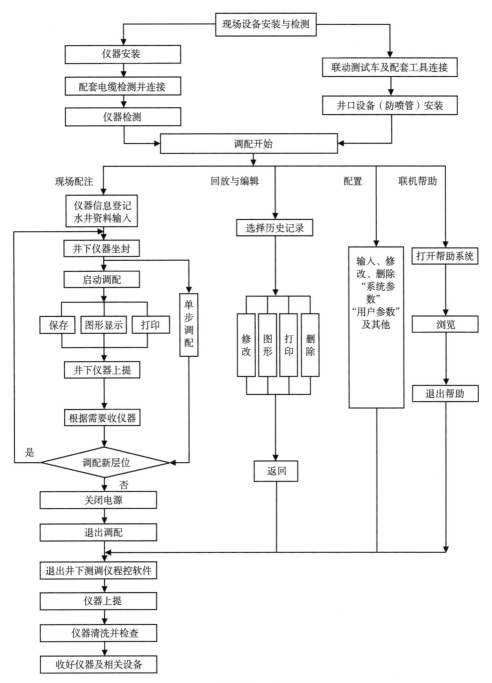

图 4-48　高效测调工艺操作流程

（2）下投可调堵塞器时一定要用专用投入头，通常用直径为 $\phi1mm$ 的铜丝插入剪切小孔内，堵塞器的调节头处于调节位置。

（3）联动测试车的正确停放。在现场条件允许的情况下，将测试车辆停放在上风口，且电缆出口要对着注水井的井口。

（4）启动联动测试车上的逆变车载电源，正常给笔记本和仪器供电。

（5）检查出水口附近的密封圈是否破损；如是，则必须换掉。

（6）测试电缆的绝缘电阻，正常应在 50MΩ 以上。

2）仪器安装

（1）安装井口防喷管和脚蹬支架，安装天滑轮并将天滑轮侧倒一边。

（2）等井口工作完成之后，两人配合拉出连着阻尼密封管的电缆头。拉电缆时电缆线的长度要适当，并且要防止电缆打折。去掉电缆头和测调仪的保护套并将它们连接起来（连接时检测电缆头与测调仪对接的密封圈是否有损坏）。

（3）将电源线、通讯线和井下供电线与地面仪正确连接后，启动地面仪，连续测试测调仪的机械臂弹开、收回 2~3 次无误后，收回机械臂，断开测调仪电源，再次检测仪器的固定螺丝和密封圈是否完好无误。此时，一人上到水井井口上的脚蹬支架上，两人配合将仪器小心下到防喷管中，要防止电缆打折，并安装阻尼密封管与防喷管，拧紧，检查电缆密封松紧，调整好后接好溢流管，将天滑轮固定对准绞车，然后将电缆线嵌在天滑轮的凹槽内，并固定天滑轮顶部的挡件。

（4）防止电缆线与滑轮凹槽边的摩擦，必要时应在两滑轮凹槽间涂抹些黄油。将防喷管上卸压阀门关闭，慢慢打开测试阀门，待水充满防喷管后将阀门彻底打开，将测调仪慢慢送入井下，直到测调仪的自重可以带动电缆线下落时松开，由电缆车控制在以大约 50m/min 的速度下放。

（5）在测调仪下井的同时，软件操作人员启动控制软件，将测试通知单（配水用单）和水井情况等数据填入软件相应位置（注意保存）。

2. 仪器检测

1）电源及开关的检查

（1）检查 "AC220V 输入" 航空插座是否插紧。

（2）检查 "井下供电" 电缆是否已连接。红黄线代表输出电压正端，蓝绿线代表输出电压负端。

（3）打开总电源，灯亮。

（4）将 "测量" 调节旋钮逆时针旋到底，选择开关置于 "I"。

2）供电电压的确定

粗略了解电缆的电阻，以此来设定电压等级（粗调）；仪器通电后，（在不上传频率情况下）微调电压，直到电流稳定在 200mA 恒定不变，然后再把电压提高或降低，这时井下仪器的电缆头电压应在 53~56V。

3）电动机操作

（1）检查 "井下供电" 航空插座是否插紧，井下仪器是否已连接。

（2）启动软件程序，置 "调节臂" 收拢或放开。

（3）工作电流在 200~280mA 范围内。

4）流量操作

（1）检查 "井下供电" 航空插座是否插紧，井下仪器是否已连接。

（2）启动软件程序，置 "流量" 测量。

（3）流量的零点为 1kHz 左右。

（4）仪器上传频率的变化，会引起供电电流的变化。

5）压力操作

（1）检查"井下供电"航空插座是否插紧，井下仪器是否已连接。

（2）启动软件程序，置"压力"开。

（3）压力零点在1kHz左右。温度零点视环境温度而定，一般在2.6kHz左右。

3. 现场调配

1）检配（该过程可采用坐测，也可采用吊测）

（1）在正常注水压力下，将仪器放入防喷管中开始采集流量和压力，并启动保存流量卡片，打开防喷管开关，开始下放仪器。

（2）以80~100m/min的速度下放，直至下放到最底层的下方，暂停采集，打开调节臂后再次启动采集，停留3~5min，并记录数据。

（3）等上一步骤结束后再向上提仪器至底层与上层之间，再停留3~5min并记录数据，直至最上层上方，停留3~5min记录数据，并保存成果表与流量卡片，检配完成。

2）调试

（1）在正常注水压力下，收回调节臂，按照检配的结果，将仪器下放到限制层的配水器上方10m处，打开调节臂，向下对接。

（2）检测仪器状态正确对接后，采集流量，再根据配注调整堵塞器，直至调整到合格范围。

（3）按照上次步骤重复操作，直至每一层都调配完毕。

3）流量卡片的生成（该过程可采用坐测，也可采用吊测）

（1）将仪器下放到底层上方，在正常注水压力下，测调仪测量出流量、压力数据，填入数据表格，并且在该层要保存实时采集数据一段时间（为3~5min）；压力降或上升0.5MPa注水压力，压力稳定后，测调仪从当前层测量出流量、压力数据，填入数据表格，并且每层要保存实时采集数据一段时间（为3~5min）；正常注水压力下降1MPa，压力稳定后，测调仪测量出当前层流量、压力数据，填入数据表格，并且每层要保存实时采集数据一段时间（为3~5min）。可根据要求再次下调压力点录取数据。

（2）将仪器提升至上一层，在正常注水压力下，测调仪测量出流量、压力数据，填入数据表格，并且在该层要保存实时采集数据一段时间（为3~5min）；压力降或上升0.5MPa正常注水压力，压力稳定后，测调仪从当前层测量出流量、压力数据，填入数据表格，并且每层要保存实时采集数据一段时间（为3~5min）；正常注水压力下降1MPa，压力稳定后，测调仪测量出当前层流量、压力数据，填入数据表格，并且每层要保存实时采集数据一段时间（为3~5min），可根据要求再次下调压力点录取数据。

（3）如此反复测完每一层段。

4）注意事项

（1）仪器的下井速度应控制在80~100m/min。如在其他配水器处遇阻，可适量加大下行速度或注水压力，有助于仪器通过配水器。

（2）在最底层的配水器往上10m左右处打开调节臂，以50m/min的速度对接，对接后检测仪器状态，如果没有对接请上提仪器重新对接。

（3）首先测一张检配卡片，了解全井各层水量分布状况，先把超注最大的层的水调整下来。在流量递减趋势过程中，调至稍大于该层最大的配注量时停止调节，稳定该层水量

（注意压力应保持在注入压力）；如果该井只有一层吸水量大，其他层吸水总量小于 $30m^3/d$，最好不要把吸水量大的那个层调得过小（在要求该层配注水量小的情况下），使该井的总水量在不低于 $50m^3/d$（因为在总水量过小时，压力随流量变化率过大，使该井的稳定和调节时间延长），调节其他层后，最后再调节大吸水量层到配注水量。

（4）在调节水量时，如果是欠注层，最好调节在流量递增趋势阶段（一般稳定欠注层，水量有递减趋势，这样，可在水量变小时通过手动微调即可调节成功）；如果是超注层，最好调节在流量递减趋势阶段（一般稳定超注层，水量有递增趋势，这样，可在水量变大时通过手动微调即可调节成功）。

（5）如果在调节时，调节不动而且仪器工作电流过大，可尝试通过加大速度（不应超过 90m/min）重新对接 2~3 次来振动水嘴后再调节。

（6）仪器的上提速度应控制在 60~80m/min。如在配水器或封隔器处遇阻，可适量加大上提拉力或减小注水压力，有助于仪器通过配水器。

4. 施工结束后续工作

（1）配注结束后，将仪器机械臂拉离堵塞器，到达上面油管后将仪器机械臂收回，仪器可以以 80m/min 的速度上拉回收。

（2）当电缆车面板显示与地面还有 15m 距离时应关闭液压自动装置，使用手动回收。回收时需两人配合，一人拉起仪器，一人手动摇动滚筒，待仪器轻微碰触管子顶部后停止拉动，井口工需快速地将测试阀门关紧，将防喷管道中的水通过放空阀门放空，一人上到水井井口上的脚蹬支架上，两人配合将仪器小心提到防喷管口，要防止电缆打折，将天滑轮侧到一边，两人配合将仪器小心提出防喷管。

（3）恢复水井井口工作状态。正常收回和摆放好工具。电缆头和仪器分开后要马上装上保护帽，防止接头杂质污染。仪器上的油污应擦拭干净。

（4）目测电缆和电缆头是否完好，用兆欧表检测绝缘电阻是否达到 $50M\Omega$ 以上，如出现问题应查找原因并且恢复到正常工作状态。

（5）认真排好电缆，收好仪器及相关配套设备。

（6）配注数据应该妥善保存。

参 考 文 献

[1] 王德民，王研，韩修庭，等. 桥式偏心测试、注采装置 [P]. 中国专利：001034189，2002-11-20.

[2] 马雪，陈刚，石克禄. 新型分层注入与测试工艺 [M]. 北京：石油工业出版社，2011.

[3] 王建江，郭建国，饶守东，等. 桥式偏心分层注水工艺及测试技术在注水工艺中的应用 [J]. 新疆石油科技，2013，23（4）：33-36.

[4] 吕瑞典. 油气开采井下作业及工具 [M]. 北京：石油工业出版社，2008.

[5] 王金友. 大庆油田分层测压工艺及资料应用 [J]. 石油钻采工艺，2003，25（1）：63-66.

[6] 欧阳勇，魏亚莉，王治国，等. 桥式偏心分注集流测试密封段的改进与完善 [J]. 石油机械，2011，39（4）：84-85.

[7] 巨亚锋，陈军斌，张安康，等. 注水井可投捞堵塞器 [J]. 石油机械，2010，38（10）：82-84.

[8] 王建平，彭象梅，陈杰. 井下测调仪调节臂弹出收回棘轮机构 [P]. 中国专利：2004200810602，2005-09-21.

[9] 王建平，张健，李圣兵. 张力过载保护型电缆头 [P]. 中国专利：2009200697392，2010-01-13.

［10］杨勤生．一种新型偏心分层注水工艺管柱［J］．石油钻采工艺，2002，24（2）：74-75.

［11］王建平，彭象梅，陈杰．流量计上置式井下测调仪［P］．中国专利：200420081059X，2005-09-21.

［12］王建平，张健，胡朝顺．对称不等高螺旋形双笔尖对接导向定位机构［P］．中国专利：2009202138307，2010-08-11.

第五章 桥式同心分层注水工艺

桥式同心分层注水技术是继桥式偏心注水技术之后新一代分层注水工艺技术[1-5]，该技术建立了无导向免投捞分层注水模式，配套机电一体化电缆高效测试调配工艺和封隔器电动直读验封工艺，地面可视化直读方式实时观测效果，具有多层分注级数不受限制、大斜度井和深井测调成功率和效率高、小水量测调精度高等技术优势[6-7]。

第一节 桥式同心工艺管柱

一、管柱结构

桥式同心分注管柱（图5-1）主要由非金属水力锚、Y341斜井封隔器、桥式同心配水器、筛管、丝堵组成。

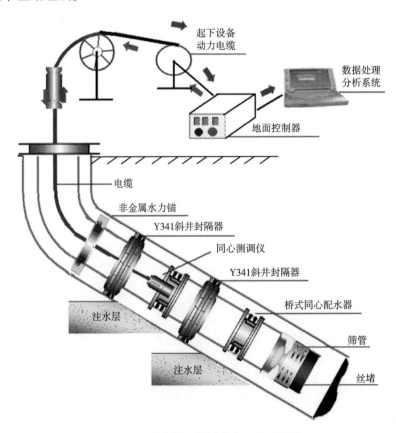

图5-1 桥式同心分层注水工艺示意图

二、工艺原理

桥式同心分层注水工艺技术是指注水井在作业完井时下入桥式同心配水器，完井后能够进行水嘴打开、试注、管柱验封、水量调配及后期定期测调的一项新型分层注水工艺技术。该技术采用封隔器将各储层分隔开，采用桥式同心配水器为各层注水，地面控制器通过电缆与同心电动井下测调仪连接，控制井下仪器，同心电动井下测调仪与配水器同心对接调节注水量，数据采集控制系统实时在线监测井下流量、温度和压力，实现流量测试与调配同步进行，满足地质配注需求（图5-1）。

三、关键配套工具

桥式同心配水器[8]是桥式同心分层注水工艺技术的核心工具，用于分层注水井井下分层配水，拥有较大面积的桥式过流通道，配水器与可调式水嘴集成同心设计，采用平台式定位机构。

1. 结构

桥式同心配水器主要由上接头、外筒、定位机构、同心活动筒、活动水嘴、固定水嘴、下接头等件组成，其中上接头、下接头可根据具体要求设计成多种油管螺纹样式（图5-2）。

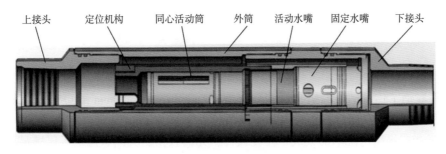

图5-2　桥式同心配水器示意图

桥式同心配水器采用配水工作筒和可调水嘴一体化设计，解决了以往分注工艺不能进行水嘴投捞工作的问题；井下调节器与配水工作筒的定位对接和水量大小调节对接均为同心对接，对接成功率很高；流量测量和调节注入量大小同步进行，并且可在地面控制器的显示屏上进行可视化同步操作；桥式过流通道具有较大的流通面积，层间干扰性小。同时考虑进一步从结构上优化改进水嘴，解决桥式偏心可调式水嘴孔径小、易堵塞的缺陷，进一步提高桥式同心配水器在采出水回注适应性。

2. 原理

桥式同心配水器将可调式水嘴集成设计在中心通道外围，在连入分层注水管柱之前，水嘴处于完全关闭状态，管柱连接下入井筒预定位置后，油管内注水打压封隔器坐封。采用平台式直接定位对接机构，电缆携带同心电动测调仪进入油管，到达桥式同心配水器顶端3～5m时，地面给测调仪发送开臂指令，定位爪张开，下放测调仪进入配水器中心通道，定位爪坐落于定位台阶上，根据地面发送的正转和反转的指令，测调仪防转爪卡于防转卡槽、调节爪卡于调节孔中，测调仪调节装置带动同心活动筒和活动水嘴转动，在固定水嘴内向上和向下转动，改变固定水嘴出水孔的过流面积，实现对注水量的调节。配水器拥有较大面积的过流通道，由于测调仪占用中心通道，一部分注入水流经过流槽、桥式通道和过流孔流向下一级桥式同心配水器，以满足其他层段分层配水的需要。

3. 技术特点

（1）改变测调仪和配水器传统旋转导向定位对接方式，采用平台式定位对接，提高对接成功率。

改变笔尖式导向定位机制，采用平台式直接定位对接机构，缩短工具总长，提高多级分注、大斜度井分注的适应性，大幅提高对接成功率，使地面试验对接成功率达到 99%（图 5-3）。

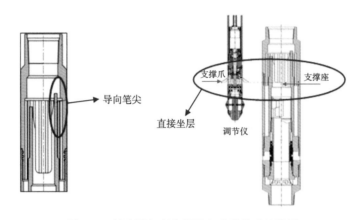

图 5-3　桥式同心配水器导向改进前后结构图

同时因取消了传统的导向机构，使配水器中心管长度由 950mm 缩短为 640mm，为精细分层注水提供了更广阔的应用条件，使最小跨距缩短为 3m。

（2）可调式水嘴与配水器集成一体化设计，无需投捞，关闭状态下承压满足封隔器坐封要求。

可调式水嘴与配水器一体化设计，无级连续可调，提高配注精度，关闭状态下耐压达到 40MPa，满足封隔器坐封要求，调配时无需投捞水嘴，实现了免投捞作业（表 5-1）。

表 5-1　桥式同心配水器试压情况表

序号	试验压力，MPa	稳压时间，min	有无泄漏
1	5	30	无
2	15	30	无
3	25	30	无
4	35	30	无
5	40	30	无

（3）拥有较大面积桥式过流通道，层间干扰小，有效确保本层测试调配时，不影响其他层段的正常注水。

（4）桥式同心配水器长度短，对于层内多级小卡距分注井具有较好的适应性。

（5）可调式水嘴调节行程大，小水量调节分辨率高。

改圆形出水孔为长条形出水孔，提高流量调节分辨率，同时根据注水量设计了两种出水孔结构三个出水面积（分别为 $64mm^2$、$96mm^2$、$192mm^2$，见表 5-2）。

表 5-2　桥式同心配水器结构尺寸表

系列代号	中心管，mm			活动水嘴			
	长度	外径	内径	出水孔个	长度 mm	宽度 mm	出水面积 mm^2
X	640	114	46	1	4	16	64
Z	640	114	46	1	6	16	96
D	640	114	46	2	6	16	192

（6）选择高性能材料，提高配水器可靠性。

设计初期要求配水器材质要达到 J55 以上钢级，材料在 35CrMo、40Cr、42CrMo 中任选一种，但试加工及实验阶段发现，35CrMo 会出现硬度不达标问题，影响整支配水器的可靠性，最终选定 42CrMo 为机加件材质。42CrMo 具有以下优点：①高强度和韧性；②较好的淬透性；③无明显的回火脆性；④调质处理后有较高的疲劳极限，可抗多次冲击能力；⑤低温冲击韧性良好。

活动水嘴、固定水嘴加工材质合金选用 17-4PH 合金，陶瓷选用氧化锆陶瓷（表 5-3）。

表 5-3　17-4PH 合金与氧化锆陶瓷性能表

项目	17-4PH 合金	氧化锆陶瓷
性能	①17-4PH 合金由铜、铌、钶构成的沉淀、硬化、马氏体不锈钢。热处理后，可以达到 1100～1300MPa 的耐压强度；②具有良好的抗腐蚀能力；③满足强度、硬度及抗腐蚀要求	①二氧化锆的密度和强度很高，大于 900MPa 的挠曲强度，强度比氧化铝高 50%，具极高的抗破裂性能；②硬度高，经过烧结后的二氧化锆的硬度在 900～1200MPa 之间；③超高的耐高温、耐磨损、耐腐蚀性能

四、Y341-114 逐级解封平衡可洗井封隔器

1. 结构

该封隔器主要由坐封活塞、解封销钉、洗井阀、锁环、上接头、下接头等机构组成，如图 5-4 所示。

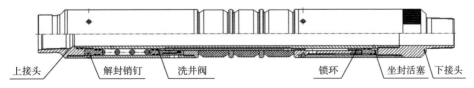

上接头　　解封销钉　　洗井阀　　　　　　锁环　　坐封活塞　下接头

图 5-4　Y341-114 逐级解封平衡可洗井封隔器示意图

2. 原理

1）坐封

Y341–114 逐级解封平衡可洗井封隔器随细分注水管柱下井，油管内分别注水加压5MPa、10MPa、15MPa，高压液体自中心管小孔进入下工作筒活塞腔，推动坐封活塞、锁环、锁环挂、释放头，剪断坐封销钉压缩胶筒坐封。同时，锁环牙齿与下工作筒牙齿咬合锁定，卸掉油管内压，封隔器仍保持坐封状态。

2）洗井

油套环形空间注水，套压大于油压，套管内高压液体作用在洗井活塞上，洗井活塞上行打开洗井通道，实现反循环洗井。

3）解封

上提管柱，胶筒与套管内壁摩擦力使中心管、释放头、坐封活塞、锁环、坐封推筒、下工作筒、下接头保持不动，上接头、洗井活塞、上工作筒、压帽随管柱上行，剪断解封销钉，压帽离开胶筒，靠胶筒自身弹性解封。由于，解封时该封隔器胶筒保持在原来的坐封位置，不随管柱移动，使下级封隔器在该封隔器解封时，不承受上提管柱的作用力，从而实现自上而下逐级解封。

3. 技术参数

Y341–114 逐级解封平衡可洗井封隔器结构参数见表 5–4。

表 5–4　Y341–114 逐级解封平衡可洗井封隔器技术参数

总长 mm	最大外径 mm	最小通径 mm	适应套管 mm	工作温度 ℃	工作压力 MPa	坐封压力 MPa	洗井压力 MPa	解封拉力 T
958	ϕ114	ϕ55	121~127	120	35	13~15	2~5	5~6

4. 技术特点

Y341–114 逐级解封平衡可洗井封隔器主要用于油田多层段细分注水。该封隔器具有逐级解封功能，可有效避免多层段分层注水井封隔器 3 级以上不易解封，以及起管柱时的遇阻事故，该封隔器可与偏心配水器、桥式配水器等井下工具组成细分注水管柱。

第二节　桥式同心测调工艺

一、工艺原理

桥式同心分注工艺技术由桥式同心可调配水器、同心电动井下测调仪、电动验封仪、地面控制器、测试绞车、数据处理分析系统组成。桥式同心可调配水器与分注管柱一起下入，内部装有可调水嘴，电动验封仪和测调仪由电缆下到分注管柱，与工作筒对接，地面直读实现验封和流量测调。地面控制器通过电缆获取验封压力数据或者测调压力温度流量数据，并对验封仪和测调仪进行实时控制（图 5–5）。

二、桥式同心电动直读验封仪

桥式同心电动直读验封仪是对分注管柱尤其是封隔器密封效果检测的关键工具，包含

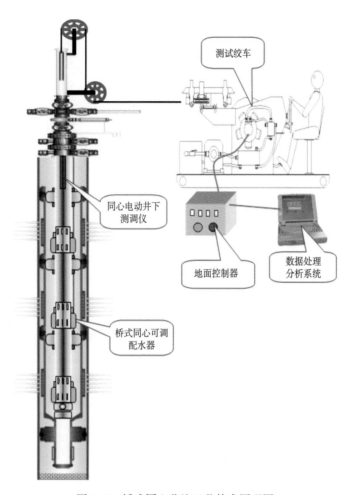

图 5-5　桥式同心分注工艺技术原理图

机械式验封仪所有功能，并增加了磁定位、地面直读和电动机控制三种模块，由电动机旋转驱动密封件坐封和解封，验封成功率和效率高。

桥式同心电动直读验封仪的设计思路是将机械式密封段转换成电动控制，同时改进机械式密封段没有泄压通道的缺陷。桥式同心电动直读验封仪包括地面系统和井下仪器两个部分。地面控制器为 LZT-300 或 TPC-300 控制器（图 5-6）。

桥式同心电动直读验封仪可实时发送压力温度数据到地面控制器，实现了数据传输实时性，加快了验封速度，每层只用开关井一次即可；由电动机驱动坐封和解封，保证了皮碗的压缩量，因此保证了密封的可靠，提高了验封曲线的压差，增加了验封的成功率，避免了机械式密封段靠加重和冲击来坐封的不可靠因素；由电动机控制开收臂，避免了机械式密封段机械臂误触发的缺陷；采用平衡压技术，在解封行程的起始阶段为地层和油管提供压力平衡通道，消除皮碗在后续解封过程中受的压差，减少了皮碗的磨损，避免了机械式密封段靠强拉钢丝解封的缺陷。

桥式同心电动直读验封仪用电动机控制张开和收起，并控制封隔胶圈的压缩和回复。主要结构特点是电动密封段，其原理如图 5-7 所示。

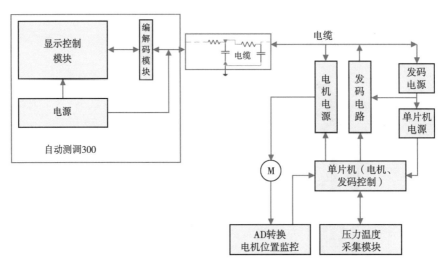

图 5-6　桥式同心电动直读验封仪原理框图

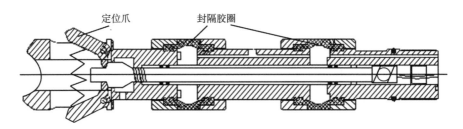

图 5-7　桥式同心电动直读验封仪剖面图

1. 结构

桥式同心电动直读验封仪主要由上接头、磁定位装置、集成控制装置、动力传递机构（电动机、传动丝杠）、定位机构、压力数据采集装置和测试密封装置依次连接而成（图 5-8），其实物图如图 5-9 所示。

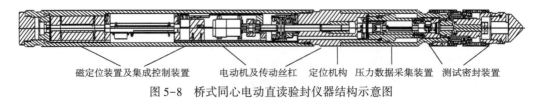

图 5-8　桥式同心电动直读验封仪器结构示意图

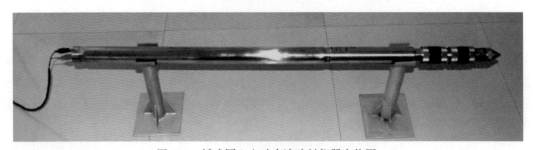

图 5-9　桥式同心电动直读验封仪器实物图

1）磁定位装置

护套外螺纹连接上接头，护套中心孔内上部设有插座，中心孔内下部设有线圈总成及其两端的磁钢；上接头外壁与连接套螺纹连接，连接套底部外螺纹连接护筒。

2）集成控制装置

设在护筒内，控制骨架通过螺钉连接于护套中心孔低端，控制骨架连接电源模块、主控制板及电动机和磁定位板。

3）电路部分

采用模块化设计，包括主控板，电动机和磁定位模块，压力温度采集模块。主控板功能：发码和控制指令接受。电动机磁定位模块功能：电动机驱动电路（转向切换）和磁定位驱动及信号模数转换。压力温度采集模块功能：采集压力和补偿温度值。模块化的设计方便调试和生产及维护。

4）动力传递机构

设在护筒内，电动机上端连接控制骨架，下端通过联轴器连接丝杠，丝杠上依次连接限位滑块和内设推力轴承的微动开关固定架，微动开关固定架下端销钉连接顶部设有密封压板的中间接头，中间接头外壁螺纹连接护筒，丝杠底端螺纹连接推力滑块，推力滑块底端连接两个对称的限位销钉（图5-10）。

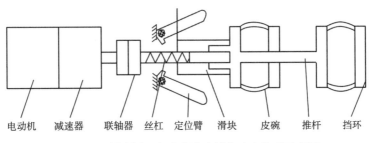

电动机　减速器　联轴器　丝杠　定位臂　滑块　皮碗　推杆　挡环

图5-10 桥式同心电动直读验封仪动力传递示意图

5）定位机构

定位爪通过销轴连接于中间接头上。

6）压力数据采集装置

连接筒上端两个对称的限位孔与推力滑块限位销钉连接，推力滑块内连接内设固定式插头的插头座，固定式插头外螺纹连接内设固定式插座的电路护筒，电路护筒内螺钉连接压力计电路板；内设压力传感器的传感器壳体外螺纹连接于电路护筒底端。

7）测试密封装置

上胶筒上端由螺环压紧，内螺纹连接设有油压传压孔的连接筒，下端由螺环压紧，内螺纹连接套筒，连接筒外螺纹连接套筒；连接杆上部螺纹连接于传感器壳体底孔内，下部穿过由固定销连接的心轴的中心孔，螺纹连接螺母；下胶筒上端由螺环压紧，内螺纹连接固定轴套，下端由螺环压紧，内螺纹连接心轴，连接筒外螺纹连接固定轴套。锥形导向装置外螺纹连接心轴底孔。

2. 工作原理

图5-11为桥式同心验封仪机械原理示意图，电动机通过丝杠驱动滑块向右移动，开始开臂行程，约束定位臂的滑块移开，定位臂在扭簧的作用下逐渐张开，直到开臂行程结

束，开臂行程中滑块没有对推杆施加推力；开臂行程结束后，坐层；坐层后，电动机通过丝杠驱动滑块继续向右移动，滑块推动推杆压缩皮碗，皮碗的另一端的挡环和骨架连接不动，随着推杆的移动，皮碗变形增大，直到坐封行程结束；解封和收臂分别为坐封和开臂的逆过程。

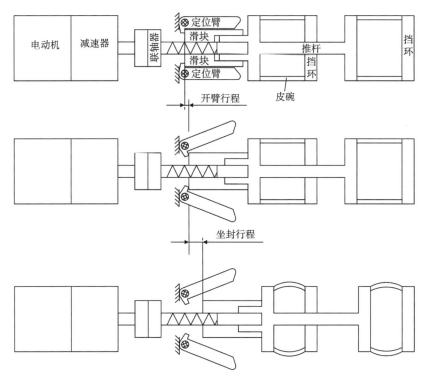

图 5-11　桥式同心电动直读验封仪机械原理图

1）定位

粗定位靠电缆码盘确定验封层位置；精确定位靠电动机控制定位爪张开后，卡在配水器内壁的定位槽上。电动机控制定位爪的张开和收起，可保证使仪器随意地停留在某一层进行验封，不必自下而上逐级验封，同时可避免常规密封段的定位爪误触发等类似问题。

2）坐封

启动电动机，坐封时保证下封隔胶圈先张开，上封隔胶圈后张开。坐封后将封隔地层压力导入到封隔橡胶圈内部，使封隔胶圈内部压力大于外部压力，封隔胶圈受压扩张，可调整电动机进一步挤压封隔胶圈，使封隔胶圈实现可靠坐封。坐封的效果可以通过地面设备直接监测。

3）解封

通过地面监视器，当地层压力和油管压力完全平衡时，再上提仪器或启动电动机进行解封，使封隔胶圈磨损减小。开启电动机反转，解封时应保证定位爪收起，密封段封隔橡胶内外压的充分平衡，使解封时封隔橡胶受到的摩擦力最小，封隔器胶圈在电动机的带动下解封。

桥式同心电动直读验封仪的主要难点是电动机的选型和封隔胶圈皮碗的选择。由于坐封和解封时，皮碗承受的压力差较大，需要的电动机扭矩较大。而胶圈皮碗既要适应高温、高腐蚀的环境，又要承受较大的压差。

3. 技术特点

（1）桥式电动直读测试验封仪采用电缆供电、传送指令和信号，以地面直读方式实时观测验封效果，能有效提高验封效率。

（2）采用电动机传动压缩和拉伸胶筒，实现有效坐封和解封，安全可靠，胶筒不易磨损，验封成功率高。

（3）利用磁定位器和定位爪双重作用实现精确定位。

（4）定位爪可根据指令要求随时张开或收回，可进行任意层段的验封，实现一次下井完成所有层位的测试验封。

三、同心电动井下测调仪

同心电动井下测调仪是桥式同心分层注水工艺技术的关键仪器，其设计理念是：流量测试与水量调节集成于一体，实现测调同步；动力传递设计为同心连杆机构，机械结构简单，动力传递效率高，测调稳定性高。

1. 结构

同心电动井下测调仪由上接头（内含流量测量及控制装置）、扶正器、磁定位装置、集成控制装置、动力传递机构、定位防转装置及电动调节装置等组成，上接头将流量测量及控制装置封装于内，同时将集成控制装置、动力传递机构自上而下顺次封装于护套内，护套上部与流量测量及控制装置连接，下部与动力传递机构连接，动力传递机构下部与定位防转装置连接，定位防转装置下部与电动调节装置连接（图5-12）。

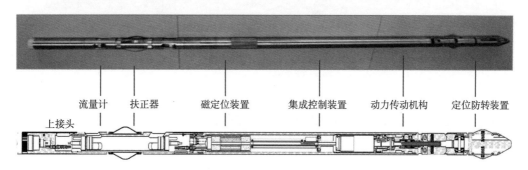

图5-12　同心电动井下测调仪

1）流量计

流量计采用超声波相位差测量流量原理，用于实时测量流量，检验配水器配水量的大小，方便调节注水井各层的配注量，可同时测量流量、压力、温度三种参数。压力传感器、温度传感器均采用恒流供电的方式，流量、压力、温度三种电量信号最终以直流电平方式分时进行 A/D 转换，最终由流量计的数字电路部分将其转换为数字信号，得到测量数据，并通过 ST 编码电路将数字信号编码并上传到地面控制器。

流量测量部分长度为 200mm 的进水测量管的最大流量可以达到 $800m^3/d$，测量精度可以达到 2%。另外，为了适应不同井况对注水的精度和注入量的不同，仪器标检也因地制宜。对于小流量注水，可以进行细分标检即标定最大流量降低，在较小的量程内标检，提高小流量的测量精度（图5-13）。

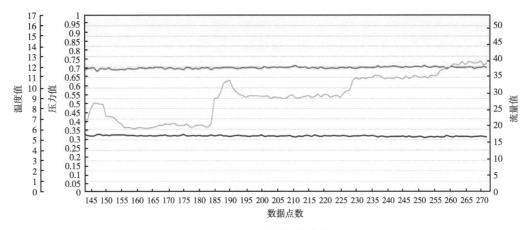

图 5-13　流量计标定曲线

2）扶正器

流量测量时进行了大量的模拟试验，包括不同斜度井中的流量测量试验、不同矿化度下注水流量测量试验、仪器在井中不同位置对流量测量的影响试验等。最终得出结论：斜井和流态对流量测量影响较大。解决办法是增加仪器扶正，保证仪器在大斜度井中居中度；优化进水测量管的尺寸和结构以稳定流态。另外在程序上优化算法，提高测量精度和抗干扰能力。测调仪扶正器如图 5-14 所示。

图 5-14　测调仪扶正器

3）磁定位装置

磁定位装置的功能是为了指示仪器井下位置增加的新的功能。其主要原理是利用接箍改变原来的磁定位短节中通过磁定位线圈的磁通量，进而在磁定位线圈两端产生感应电动势；再利用压频转换芯片将电压转换为频率；最后用单片机对频率进行采集，并将采集数据传送给地面控制，由地面控制器将原始采集数据进行处理。

4）集成控制装置

集成控制装置用于传输和控制井下仪器的指令和动作，包括电源线密封器、压力传感器、骨架密封接头、磁钢、磁感线圈、线圈轴、电路骨架、单片机控制单元等。

5）动力传动机构

动力传递机构用于给调节装置提供动力源，包括隔离电感、隔离电感骨架、温度传感器、电动机、联轴器、推力轴承、定位架体、传动轴、弹簧、磁块、霍尔元件、密封圈、转动体、电动机接头、垫圈盖、弹簧罩等。

6）电动调节装置

电动调节装置包括锁紧环、调节爪、弹簧、调节锥体、锥形螺环等。调节锥体上的调节爪带动桥式集成同心配水器的同心活动筒和活动水嘴转动，实现水量大小的调节（图 5-15）。

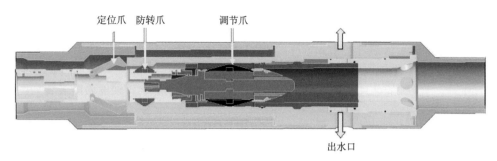

图 5-15　测调仪电动调节示意图

针对长庆油田分注井具有"定向井、小水量、井深"等特点，在同心电动井下测调仪设计时考虑了以下方面：（1）仪器自重和仪器长度的矛盾，仪器过长无法适应斜度较大的井，仪器短而自重则较轻，对于井口压力较大的井下井困难；（2）仪器长度和流量精度的矛盾，进水测量管短会造成流量测量精度的下降；（3）仪器外径大小、长度与定向井通过能力的矛盾，仪器外径过大、长度过长，在定向井通过能力差；（4）同心电动井下测调仪除了和传统测调仪器一样需工作于几千米深的井下，需要承受高温、高压，除抗腐蚀性良好外还有特殊的性能要求，包括与桥式同心配水器的配合、调节力矩、传动机制、动密封、状态检测机制等；（5）电动机复用机制、高温下的双向通信、高温大功率电动机的选择、高温大功率电动机驱动电路的设计、防转机制及脱扣机制的设计等。

针对仪器设计中的矛盾和难点，经过反复的思考和实验，最终问题一一得以解决。仪器长度最终确定为 1.5m，标准油管单节长度为不到 10m，这样对于斜度较大的井，仪器下井均不受长度的影响。为了增加仪器质量，仪器的部分结构采用钨钢制成。另外仪器设计配件中增加两根钨加重（一个长 0.5m，另一个长 1m），并且可以无限制继续增加，这样解决了仪器自重和长度的矛盾；为了解决增加加重对仪器长度的影响，加重杆和仪器之间以及加重杆直接可以使用软连接的万向节（图 5-16、图 5-17）。

图 5-16　加重杆

图 5-17　同心电动井下测调仪万向连接器

对于长度对流量的限制，设计了探头间距分别为 200mm 和 400mm 的两种进水测量管，并且对流量测量的算法进行了改进和优化，可以因地制宜地选择不同探头间距的仪器。对于仪器外径的选择：仪器外径大，可以最大限度地居中，并且使绝大部分的水通过进水测量管，可提高流量测量的准确度；仪器外径越接近井的最小通径，下井困难的概率就大幅增加；综合考虑确定仪器外径为42mm。

为了能够在高温高压和具腐蚀性的环境中稳定的工作，仪器护管和外露主体采用0Cr18Ni9，经过特殊的处理，硬度均通过硬度检验达到设计要求。硬度检测装置如图5-18所示。

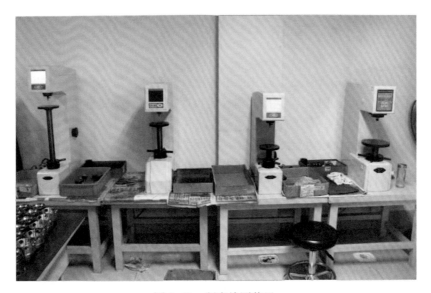

图5-18　硬度检测装置

传动机制主要是电动机通过联轴器和传动杆相连，在传动杆上由两级密封圈实现动密封。仪器使用的密封圈均为高温氟橡胶。

状态检测机制电学原理是利用霍尔元件的电磁效应来检测调节臂和水嘴开度信息。机械上是在凸轮组件的适当位置安装磁钢，在仪器架体的适当位置安装霍尔传感器，进而实现状态检测。

电动机复用机制是指通过一个电动机实现开收定位爪和正负调节桥式同心配水器的功能。仪器主要通过凸轮组件（图5-19）的压缩和弹回导致齿轮的咬合与脱开实现电动机复用。

图5-19　凸轮组件

脱扣机制主要是通过在配水器的水嘴调节套（图5-20）的两头相反方向进行倒角，当水嘴调节到最大或者最小位置时，仪器调节爪继续同方向调节会处于倒角位置，进而脱扣，向相反方调节时又能够上扣，进而实现脱扣功能。

图 5-20　调节套

2. 工作原理

测试调配时，电缆携带同心电动井下测调仪下入油管内，磁定位装置探测配水器位置，当测调仪下放到配水器上方时，地面控制系统发射指令，集成控制装置对指令解码后，电动机转动使定位爪打开，定位爪下落与配水器平台对接，防转爪卡到配水器防转槽，防止仪器自身转动。流量计测试分层注水量，当注水量不满足配注要求时，地面控制系统发射调节指令，电动机带动调节爪转动，调节爪卡于配水器同心活动筒调节孔内，带动可调式水嘴上下轴向转动，实现水嘴开度大小调节。

3. 技术特点

（1）同心电动井下测调仪集流量测量和水嘴调节于一体，实现流量测试和水量调节同步，采用电缆供电、传送指令和信号，以地面可视化直读方式实时显示测调效果，大幅提高测调效率。

（2）同心电动井下测调仪动力传递设计为同心连杆机构，动力传动效率高，调节输出扭矩大，调节行程长，与配水器对接成功率高，小水量测调精度高。

（3）定位爪可根据指令要求随时张开或收回，可进行任意层段的测调，一次下井即可完成全井测调任务。

（4）利用磁定位器和定位爪的双重作用，可以准确判断配水器和封隔器位置，实现多级小卡距条件下仪器精确定位。

四、同心分注地面控制仪

同心分注地面控制仪集测调仪供电、控制、数据采集、数据处理于一身，包括系统供电模块、主控制模块和程控电源模块；系统供电模块与数据采集处理系统、主控制模块和程控电源模块分别连接，为其供电；主控制模块分别与同心电动井下测调仪、程控电源模块和数据采集处理系统连接并进行数据通信；程控电源模块连接同心电动井下测调仪为其供电。同心分注地面控制仪采用系统供电模块和程控电源模块相结合，为整个系统供电；由主控制模块对不同指令和数据编解码控制输出和输入，实现地面实时控制井下测调仪和实时井下数据的采集，测调同步操作、实时监测，可实现测调仪一次下井地面操作控制完成所有注水层段测试调配任务，提高测试调配效率和成功率（图 5-21）。

同心分注地面控制仪功能如下：

（1）实现地面实时控制井下测调仪器和实时井下数据的采集，测调同步操作、实时监

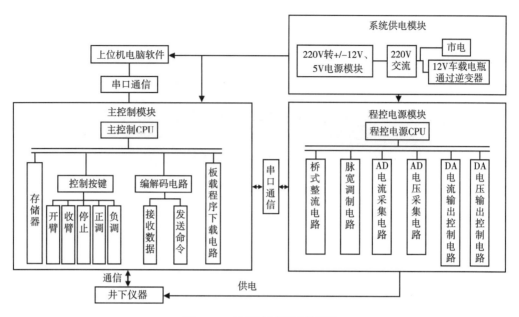

图 5-21　地面控制仪原理框图

测，具有操作方便、性能稳定的特点。

（2）控制测调仪一次下井地面操作控制完成所有注水层段测试调配任务，可大幅提高测试调配效率和成功率。

（3）支持与下位机进行实时通信。

（4）具有控制井下仪器张（收）臂、调节器水嘴大小调节、检测调节臂完全打开或完全收起状态、检测仪器是否对接成功的功能。

（5）具有两个 USB 接口，支持与电脑的 USB 通信。

（6）具有手动按钮控制和电脑程序控制的功能。

（7）体积小，外形美观，携带方便，防尘防沙防震。

第三节　技术特点及应用情况

一、技术特点

桥式同心分注技术摆脱了传统分注工艺需要精确机械导向、对接、投捞工序，提高了一定储层厚度内最多分注级数，提升了大斜度井、采出水回注井、多层小卡距井分注的适应性。对比常规偏心分注的工艺，桥式同心分注具有以下特点：

（1）测调仪磁定位装置可以准确判断配水器和封隔器位置，与配水器平台式对接，无需精确机械导向，缩短了相邻配水器之间的距离，分注级数不受限制，解决层内多级细分工艺技术难题。

（2）调配工作筒和可调水嘴一体化设计，关闭状态下满足坐封要求，省去投捞环节，全程采用电缆作业方式，流量测试与水嘴调节同步进行，地面直读测调结果，可视化操作，大幅提高测调效率。

（3）水嘴无级连续可调，水量调节分辨率高；同心电动井下测调仪超声探头处于较大的稳定流动范围内，流量测试精度高。

（4）测试时，不用投捞水嘴：配水工作筒和可调水嘴一体化设计，与桥式偏心分注技术相比，无需水嘴投捞工作，也就不会出现投不进去、捞不出来的现象。

（5）具有较大面积的桥式过流通道，在测试时可以很好地解决"层间干扰"问题。

（6）井下测调仪与配水工作筒的定位对接和水量大小调节对接均为同心对接，与井斜无关，对接可靠；与偏心边测边调技术相比，对接成功率高。

（7）测调仪动力同轴传递，调节扭矩大，结构简单，无万向节，同轴传递扭矩，测调仪输出扭矩大。

（8）实时可视化操作：流量测量和调节水嘴大小同步进行，可在地面控制器上进行可视化实时操作。

（9）配水器可完全关死：关死后可耐压差40MPa，可大幅提高封隔器坐封成功率。

二、应用情况

截至2016年底，桥式同心分注技术在长庆、冀东等油田规模应用3200余口井，测调7963井次，测调成功率由以往的72%提升到90%以上，单层测调流量控制误差由10%～15%减小到5%～10%，平均单井测调时间由1～2d缩短到6h以内，桥式同心电动直读验封技术平均单井验封时间由5h缩短到2h以内，验封成功率由68%提高到95%。解决了油藏纵向上的开发矛盾，扩大了分注技术在井斜角为60°井、深井、多层小卡距井及采出水回注井上的应用范围，改善了注水开发效果。

参 考 文 献

［1］于九政，巨亚锋，郭方元．桥式同心分层注水工艺的研究与试验［J］．石油钻采工艺，2015，（5）：92-94.

［2］于九政，杨玲智，毕福伟．南梁油田桥式同心分层注水技术研究与应用［J］．钻采工艺，2016，39（5）：30-32.

［3］章秀平．桥式同心分注技术在埕海油田的应用［J］．化工管理，2016，（14）：193.

［4］李艳，侯军刚，康帅，等．桥式同心分注工艺技术在安塞油田多油层开发中的研究与应用［J］．石油仪器，2013，27（6）：63-65.

［5］李宏伟，袁永文，杨红刚，等．桥式同心分注工艺在青海油田的应用［J］．青海石油，2014，0（3）：65-70.

［6］晏耿成，王林平，杨会丰，等．桥式同心分层注水测调工艺研究及应用［J］．石油矿场机械，2014，43（8）：92-94.

［7］陈朋刚，赵亚杰，史鹏涛，等．桥式同心分层注水测调技术的研究与应用［J］．非常规油气，2017，4（3）：92-94.

［8］于九政，郭方元，巨亚锋．桥式同心配水器的研制与试验［J］．石油机械，2013，41（9）：88-90.

第六章　化学分注、增注工艺

酸化解堵技术是油田解除储层近井地带伤害，改善注采关系，提高开发效果的一种有效措施。随着中国陆上油田开发不断深入，储层堵塞及伤害日趋复杂且严重，尤其在国内"新两法"（新《安全生产法》，新《环境保护法》）颁布实施后，酸化解堵技术逐渐走向绿色创新发展之路。

第一节　不排液酸化技术

一、酸化技术的应用现状

酸化作为一种油井增产、水井增注的有效措施，在油田生产中应用越来越广泛，大庆油田每年酸化的油井、水井井数分别达 400 口和 2000 口，酸化已成为新井改造、老井挖潜的重要手段之一，与其他措施相比，酸化因其经济、有效的优势具有更好的发展前景。

随着新《环境保护法》开始施行，企业的环境责任得到强化，关于企业的法定义务，主要有四个方面：一是清洁生产的义务，包括应当优先采用资源利用率高、污染物排放量少的工艺、设备，不得将不符合标准的污染物施入农田等；二是减排、合法排污的义务，包括应当防止污染和危害，按照排污许可证排污和不得超标、超总量排放污染物等；三是环境管理义务，包括应当建立环境保护责任制度，应当安装使用检测设备，制订突发环境事件预案等；四是接受监督、监管的义务，包括不得未批先建、应当接受现场检查、公开排污信息等。

但由于常规酸化工艺为保证效果必须返排残酸，年残酸返排量约为 80000m³，不能满足新环保法的需求，酸化技术急需更新换代，因此急需攻关一种既保证效果、又不排液的新型环保酸化技术。不排液酸化技术是大庆油田新一代油水井解堵增注技术，该技术实现了酸化工作液体系和现场施工工艺升级换代，满足"水井不返排、油井零外排"的新时期环保要求，具有不动管柱、不排残酸、不降效果、不增成本的技术优势。

二、不排液酸化技术的理论基础

影响砂岩储层酸化的关键因素较多，其中尤为重要的是作为酸化"硬件"的酸液体系。影响砂岩酸化效果的主要因素为应用的酸液体系与矿物反应过快而导致有效作用半径小，以及酸岩反应二次沉淀影响酸化带内渗透率的有效提高。不排液酸化技术量化分析了酸岩反应后各类沉淀物质的所占比例，认识到影响不排液酸化效果的主控因素为氟硅酸盐沉淀、氢氧化物沉淀和矿物溶蚀后小粒径颗粒堵塞储层，这为配方创新、工艺升级提供了重要的理论支撑。

通过向残酸中加入不同比例清水和氟硅酸并测量溶液中 K^+ 变化情况，实验结果表明，在混合比例为 1:1 时，加入氟硅酸后的残酸中 K^+ 含量比加入清水的低 49.2mg/L，说明生成氟硅酸钾沉淀（表 6-1）。

表 6-1　残酸中 K^+ 含量变化情况表

名称	不同混合比例下，残酸中 K^+ 含量，mg/L		原始含量 mg/L
	1:1	1:3	
清水	151.5	81.2	307.6
氟硅酸	102.3	51.3	

随着 pH 值升高，残酸中的铁、铝、钙、镁等离子与氢氧离子反应产生大量氢氧化物沉淀，pH 值为 1~2 时出现 $Fe(OH)_3$ 沉淀；pH 值为 3~4 时出现 $Al(OH)_3$ 沉淀；pH 值为 5~6 时出现 $Ca(OH)_2$ 和 $Mg(OH)_2$ 沉淀（图 6-1）。

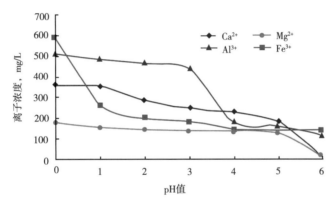

图 6-1　不同离子浓度随 pH 值变化曲线

酸岩反应后产生粒径小于 0.56mm（1/3 孔喉直径）的矿物颗粒即为破碎，而 0.23~0.56mm 的颗粒进入储层深部形成"桥堵"，导致储层渗透率下降。固相粒度与岩心孔喉的一般性级配关系基本遵守 1/7~1/3 的粒子架桥原则。常规土酸酸岩反应后破碎率较高，达 3.61%，同时破碎颗粒中粒径为 0.23~0.56mm 占比为 80.5%（表 6-2），根据"桥堵"原则，将会对储层造成伤害。

表 6-2　酸岩反应后各种粒径颗粒占比结果

酸液	溶蚀率 %	破碎率 %	破碎中粒径为 0.23~0.56mm 颗粒占比，%	破碎中<0.23mm 颗粒占比，%
常规土酸	16.38	3.61	80.5	19.5

三、酸液体系的组成

不排液技术的基本原理是采用主体酸—残酸处理剂互动体系，该体系主要分为主体酸液、残酸处理剂两大部分。主体酸是根据大庆油田的储层物性、岩性，通过溶失、洗油、破乳、岩心模拟等实验有针对性地研制出的，由有机酸、无机酸及添加剂组合而成，具有溶蚀率高、破乳率高、洗油率高、破碎率低、低腐蚀等特点，能够有效解除地层伤害并能提高基质渗透率。残酸处理剂是根据残酸液的性质研究出的具有络合性能的工作液，可抑制二次沉淀，同时对于油井而言，对泵筒无腐蚀，矿化度达到与采出液相同的水平，在油水分离器中能正常分离。

1. 主酸体系

不排液酸化技术的主体酸体系由无机酸、有机酸及酸液添加剂组成。当酸液进入地层后，无机酸首先与地层中的矿物反应，同时抑制了有机酸的电离。多级电离有机酸的 H^+ 逐级电离与氟盐缓速生成氢氟酸，从而使该酸体系始终处于较大活性之中。由于降低了局部氟硅酸的浓度，酸岩反应匀速，酸化半径扩大，达到深部解堵的目的，同时降低氟硅酸盐沉淀。酸液与储层物质反应机制如下所示：

$$CaCO_3+2HCl \longrightarrow CaCl_2+H_2O+CO_2 \uparrow$$

$$R_3-H_3 \longrightarrow 3R^-+3H^+$$

$$Al_2Si_2H_4O_9+18H^++18NH_4F \longrightarrow 2H_2SiF_6+2AlF_3+6H_2O+18NH_4^+$$

此外，该酸液体系可以解除蜡、沥青、菌类形成的有机污染。施工阶段强络合缓速酸有效控制反应速度，酸岩反应阶段溶蚀能力强，16h 溶蚀率为 16.38%，比常规土酸高 2 个百分点（图 6-2）。常规土酸中氟硅酸钾沉淀量为 253mg，而强络合缓速酸中氟硅酸钾沉淀量仅为 122mg，降幅 51.8%。

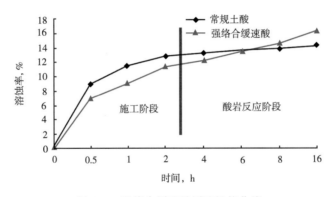

图 6-2　强络合缓速酸缓速性能曲线

2. 残酸处理剂

酸液与黏土矿物反应后易形成铁、钙、镁等化合物的二次和三次沉淀，酸化后产生的二次沉淀会造成地层伤害，也是决定酸化施工成败与否的关键。残酸的 pH 值是影响二次沉淀的主要因素，$Al(OH)_3$、$Si(OH)_4$ 和 $Fe(OH)_3$ 在 pH 值为 2~4 时产生沉淀。针对常规酸液在酸性环境下出现氢氧化物沉淀的问题，依据钙、镁、铝、铁等离子与不同化合物的络合配位常数，优选不同离子的络合剂、稳定剂，形成抗沉淀体系，在碱性环境下可有效抑制氢氧化物沉淀，提高酸液长期络合性能。络合剂具有配伍性能好、络合能力强的特点，24h 残酸 pH 值大于 8，未出现二次沉淀；120h 残酸 pH 值大于 6，仍未出现二次沉淀（图 6-3）。

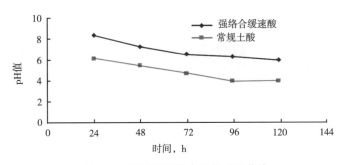

图 6-3　不同酸液络合性能对比曲线

3. 防破碎助剂体系

防破碎助剂体系由无机防膨剂、有机防膨剂组成，可以降低溶蚀颗粒粒径。防破碎助剂体系在黏土矿物表面形成多点吸附膜，对黏土矿物和地层微粒起到持久的稳定作用，由于具有独特的网状分子结构（图 6-4），可以和 2 个以上的矿物微粒联结，使微粒结团，不易被流体夹带运移。

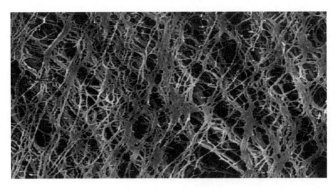

图 6-4　有机防膨剂电子显微镜扫描图

强络合缓速酸体系与常规土酸体系相比，溶蚀相当，对黏土稳定性强，粒径小于 0.56mm 的矿物颗粒占比由 3.61% 降低到 1.78%，同时完全破碎的量占比由 80.5% 降低到 16.01%（表 6-3），说明该体系能有效降低小颗粒的产生，抑制颗粒破碎后的储层伤害。

表 6-3　酸岩反应后各种粒径颗粒占比结果

酸液	溶蚀率 %	破碎率 %	破碎中粒径为 0.23~0.56mm 占比，%	破碎中粒径小于 0.23mm 占比，%
常规土酸	16.38	3.61	80.5	19.5
强络合缓速酸	16.32	1.78	16.01	83.99

4. 转向剂体系

不排液酸化技术配套了在线可逆暂堵转向剂，该转向剂为一种离子型表面活性剂，在酸液中可缔合成巨型胶束结构（图 6-5），使酸液黏度大幅度增加，实现暂堵转向，高黏度残酸与大量水接触后，黏度迅速下降，使酸液向深部推进。

图 6-5　暂堵技术原理图

该转向剂自溶免排、时机可控，实现了一次施工非均质多层均匀解堵，大幅降低酸化施工成本。对高渗透层具有良好暂堵性能，高渗透层渗透率降低幅度达 83.1%，低渗透层渗透率降低幅度仅为 14.3%，对高渗透层实现了有效封堵。同时暂堵后高、低渗透层注酸剖面反转，低渗透层岩心酸液分流率由 28.6% 提高到 69.6%，高渗透层酸液分流率由 71.4% 降低到 30.4%（表 6-4），能够满足现场施工需要。

表 6-4　转向剂对岩心影响情况

岩心	调　前		调　后	
	渗透率 mD	酸液分流率 %	渗透率 mD	流量百分比 %
高渗透率岩心	214.2	71.4	36.1	30.4
低渗透率岩心	67	28.6	57.4	69.6

四、不排液酸化技术的现场应用

不排液酸化技术采用前置段塞+酸液段塞+后置处理段塞组合注入方式。前置段塞主要负责解除有机质堵塞；酸液段塞用于解除近井地带伤害及堵塞；后置处理段塞将酸液推进至地层深部，同时中和井筒及井底附近残酸，减少二次沉淀。此外，尚有配套的转向段塞，可实现暂堵转向，均匀布酸，分层解堵。现场施工采用不动管柱、不排液的方法，通过地面泵将工作液从油管或油套环空泵送入地层。

截至 2017 年底，开展不排液酸化现场试验 179 口井，其中水井 150 口、油井 29 口，总计减少残酸返排量 6960m³。水井初期降压 3.2MPa，日增注 11.7m³，并将同区块、同层位均相近的排液酸化井作为对比井，降压 4.1MPa，日增注 9.4m³，降压增注效果相当。油井平均单井日产液量提高 3.05t，日产油量提高 1.41t，有效期超过 2 个月，单井累计增油近百吨，取得了较好的增油效果。

第二节　注水井调剖技术

对于多数注水开发的油田，由于油层的非均质性，注入水沿高渗透条带突进是造成油井水淹的主要原因。调剖技术作为机械细分调整的重要补充手段，对解决同井多层高含水和薄层高含水问题，控制油井含水上升和产量递减起到了一定作用。

一、常用调剖剂性能及特点

目前，国内应用的调剖剂种类较多[1-2]，按其性能可分为颗粒、沉淀型、聚合物冻胶、树脂、泡沫和微生物等类型。

1. 颗粒类调剖剂

颗粒类调剖剂有果壳、青石粉、塑料颗粒、橡胶颗粒、膨润土、体膨型聚合物、聚乙烯醇等。目前应用较多的有体膨型聚合物和聚乙烯醇。

1）体膨型聚合物

体膨型聚合物颗粒是一种吸水性树脂，主要由主剂、交联剂、引发剂、添加剂、增强剂和热稳定剂等化学剂组成。由具有强亲水性基团的交联高聚物在地面以三维网络结构交联、烘干并粉碎至一定粒径形成。当与水接触时，水分子进入凝胶网络结构内，并与亲水性基团相互作用产生氢键，形成较强的亲和力；同时，具有空间网络结构的凝胶体各交联点之间的分子链因吸入水分子而由无规则蜷曲状态变为伸展状态，并产生内聚力，当这种作用力达到平衡状态时，吸水膨胀达到饱和状态。适当控制交联度可控制其体积膨胀倍数，一般为 25 倍左右，有的可达 50~60 倍。颗粒膨胀后具有一定的弹性、强度和变形特性。

体膨型聚合物是固体颗粒，选择合适的粒径使其能进入高渗透层孔隙或裂缝，吸水溶胀后可对地层产生堵塞作用。该类调剖剂遇水膨胀程度受水温和水中离子的影响，水温越高，膨胀速度越快；水中离子浓度增大，其膨胀率下降。如放入清水中 30min，体积膨胀为原来的 7.14 倍；而放在氯化钙饱和溶液中 30min，其体积基本不变。同时其密度与水的密度接近，在施工中不会下沉，易被清水带入地层。

施工时可以用清水、盐水或轻质油携带此类调剖剂，携带浓度视地层吸水能力等因素而定。将设计量的颗粒全部注入地层后即可开井注水。处理时，颗粒剂用量一般宜采用少量、分次注入的施工方法。

2）聚乙烯醇颗粒

聚乙烯醇颗粒亦具有吸水溶胀而不溶解的性能。溶胀后的颗粒可以封堵或降低高吸水层的吸水量，扩大水驱波及体积。

目前常用于调剖的聚乙烯醇是一种白色固体颗粒或粉末，其相对密度为 1.31。由于聚乙烯醇不具有离子基团，故不因地层水矿化度的高低而影响其遇水膨胀性能，受水的温度影响也较小。该调剖剂在静态水中下降速度为 1.685m/min，如果水的注入速度大于其沉降速度，则可忽略调剖剂自身的下沉作用。在室内岩心封堵实验中，用蒸馏水携带聚乙烯醇，不同渗透率的岩心封堵效率均在 98% 以上。在返排试验中，返排后的封堵效率仍在 70% 左右，说明聚乙烯醇进入岩心孔隙后，返排不会使封堵完全失效。

该调剖剂调剖工艺简便，使用清水为携带液，用注水泵或水泥泵车直接泵入地层即可。其携带比可视地层吸收能力而定，施工后即可开井注水。准确计算聚乙烯醇用量较为困难，可采用少量多次的处理办法。

2. 聚合物冻胶型调剖剂

冻胶由高分子溶液转变而来，为了分类简便，将高分子类型调剖剂和与之相关的类型也归入此类[3-5]。

1）聚丙烯酰胺—木质素磺酸盐复合冻胶

聚丙烯酰胺—木质素磺酸盐复合铬冻胶具有终凝时间可调、冻胶强度高、黏弹性好的特点[8]。

该类调剖剂适用于投产后有过高产史、后来因含水率高而减产的井。要求调剖前产液量为 $50 \sim 100 m^3/d$、含水率为 $80\% \sim 90\%$，纵向渗透率级差大、油层厚度大于 10m；封堵半径一般为 $3 \sim 8m$。

2）聚丙烯酰胺—乌洛托品—间苯二酚调剖剂

此类调剖剂性能优于用甲醛交联的冻胶，乌洛托品水解后生成的氨气使体系保持较高的 pH 值，保证了聚丙烯酰胺冻胶的稳定性，且热稳定性高。同时又克服了甲醛刺激性气味大、运输不便及局部成冻的缺点。

（1）基本配方。

聚丙烯酰胺：$0.6\% \sim 1.0\%$；

乌洛托品：$0.12\% \sim 0.16\%$；

间苯二酚：$0.03\% \sim 0.05\%$；

pH 值：$2 \sim 5$。

（2）调剖剂基本性能。

70℃时 4h 不会出现局部成胶现象，室内成胶时间一般在 8h 左右，20℃下成胶时间大于 15d。岩心试验结果表明，压力在 0.58MPa 以下时，一般堵塞率为 100%。

3）聚丙烯酰胺—柠檬酸铝调剖剂

该类冻胶型调剖剂是在地下进行交联的，并分几个段塞注入。因此，可起到深度调剖的作用，但成本比较高，施工工艺比较复杂。

（1）作用原理。

先注入黏度与水相近、对地层岩石表面吸附量大的聚合物，使其在高渗透层岩石表面形成吸附层，然后注入柠檬酸铝溶液和第二种聚合物溶液。注入地层中的柠檬酸铝溶液由于柠檬酸根与 Ca^{2+}、Mg^{2+}、Fe^{3+}、Fe^{2+} 和 H^+ 等离子的作用，形成络合物，释放出 Al^{3+} 离子，通过 Al^{3+} 与聚合物交联作用，使注入的第一种聚合物与第二种聚合物发生交联，在岩石表面上形成了聚合物网状吸附层。连续交替注入聚合物和柠檬酸铝，可以增加吸附层的厚度，大幅降低被处理层段的渗透率。反应时间可以通过调整柠檬酸铝的浓度和用量来控制。

（2）基本配方。

根据注水井吸水剖面、指示曲线，计算并确定聚合物溶液及交联剂（柠檬酸铝）的浓度和用量，以及段塞大小、隔离液的用量等。聚合物溶液浓度一般在 $1000 \sim 1600mg/L$ 之间，交联剂（柠檬酸铝）浓度一般为 $500 \sim 1000mg/L$。

4）聚丙烯酰胺—多元铬交联调剖剂

（1）作用原理。

有机酸通过形成配位共价键与高价金属离子络合，形成有机酸络合物，从而保护活性较高的高价金属离子，提供延缓交联络合体系[6,7,9]。通过优化反应物配比、体系 pH 值、优选复配剂等方法，控制二聚体、三聚体及线性三聚体的含量，进一步增加体系中活性较高的线性三聚体含量，达到提高交联剂的反应活性的目的[10,12]。

（2）基本配方。

聚丙烯酰胺：0.2%~0.4%；

铬交联剂：0.2%~0.4%；

稳定剂：0.05%~0.10%；

pH 值：7~9。

5）微生物类调剖剂

它主要是利用细菌，在地层温度条件下大量繁殖，来堵塞高渗透层孔道，降低其吸水能力，改变注水井吸水剖面。

根据目前的资料，各国用于调剖的微生物菌株接种物类型有以下类：葡聚糖 β 球菌、硫酸盐还原菌、充气污泥细菌、生成表面活性物质的菌种、生成聚合物——多糖和气体的菌种。

二、施工方案设计

1. 选井原则

选井要根据调剖剂的种类、性能和施工工艺要求等，结合油水井的静（动）态资料，选好处理井层[11]。

注水井调剖和封堵大孔道的选井原则如下：

（1）井组采出程度不高但含水率较高，井组剩余油饱和度高，油层厚度大，有较大的生产潜力。

（2）根据静态资料分析、测井资料解释和生产动态分析结果，证明油水连通性好。

（3）注水井的注入状态较好，周围油井受效情况良好或正常。

（4）开采层位间的渗透率差异较大，水洗程度差异较大。

（5）油水井固井质量良好，无窜槽现象。

（6）注水井的泵压与油压之间的压差大于 1.5MPa，施工后能提高注水压力，增加非调剖层段的吸水量。

2. 调剖剂选择原则

（1）根据注水井调剖层段的地层温度、地层压力、油层物性、孔喉特征、流体性质、注入水质和预处理半径，确定所用调剖药剂体系。

（2）调剖剂应具有良好的注入性、稳定性及封堵能力。

（3）调剖剂对油井产出液后期处理影响越小越好。

（4）对新型调剖剂，必须有研究部门出具的室内配伍性实验报告、室内评价报告方可进入现场施工。

3. 施工设计的主要内容

施工设计的主要内容包括处理井有关资料数据（注水井的基础数据、生产数据、吸水指示曲线、压降曲线、调剖层段数据、同位素测吸水剖面数据等），确定施工前是否对井筒或地层采取预处理，施工所采用的管柱结构及地面流程，所需的设备，所使用的调剖剂组成、性能及配制方法，计算并确定调剖剂的合理用量，施工步骤，注入压力及注入速度控制，后续工作（包括关井要求及开井后）的工作措施，各岗位分工，施工注意事项，安全环保措施等[13]。现介绍相关的用量计算及压力控制方法。

1）数值模拟计算

根据处理井的油层资料、所使用的调剖剂性能及其对油藏的影响和对处理结果的要求（即对处理井的高渗透层渗透率希望的降低值和有效期）等，利用数值模拟程序可以计算调剖剂的合理用量、优选施工参数、分析有关参数对调剖效果的影响、预测调剖后的效果，并可预制出调剖前后吸水剖面变化图。

2）调剖剂用量计算

在单相径向渗流的条件下，用达西定律可推导出处理半径计算公式：

$$r_a = \exp \frac{(\ln r_e)(f_g - 1) + (\ln r_w)(R_f - f_g)}{R_f - 1} \tag{6-1}$$

式中　r_a——处理半径，m；

r_e——注水井注水影响半径，m；

r_w——井筒半径，m；

f_g——处理前后注入能力之比；

R_f——残余阻力系数。

应用式（6-1）时，为计算方便，f_g 可根据处理井的设计要求确定，残余阻力系数 R_f 值可由处理井或附近代表井的岩心实验测得。

计算出 r_a 值后，再用下面公式计算调剖剂的用量：

$$V_1 = n\pi r_a 2H\phi \tag{6-2}$$

式中　V_1——调剖剂用量，m³；

r_a——处理井径，m；

H——处理层厚度，m；

ϕ——处理层孔隙度，%；

n——处理目的层数量。

3）顶替液量计算

顶替液量计算公式为：

$$V_2 = V_3 + V_4 + V_5 + V_6 \tag{6-3}$$

式中　V_2——顶替液量，m³；

V_3——地面管汇容积，m³；

V_4——管柱容积，m³；

V_5——封隔器胶筒卡距内环空容积，m³；

V_6——附加顶替液量，m³。

4）施工压力控制

为了使调剖剂能更好地、有选择性地进入高吸水层，控制注入压力是工艺中的一个重要环节。

（1）在采用光油管笼统注入的处理井中，注入压力一般控制在稍低于该井正常注水压力或在正常注水压力附近，也可以根据不同地层的启动压力来控制。调剖剂的注入压力应高于渗透率较高油层的启动压力，而低于渗透率较低油层（不希望进入的油层）的启动压力。

（2）若采用封隔器卡封的单层处理，必要时可以采用高压快速注入，但最高压力不允许超过地层破裂压力的 80%（扣除摩阻）。也可以根据数值模拟优选的注入压力及调剖剂与地层的实际情况，综合确定合理的注入压力和排量。

5）挤注排量计算

挤注排量计算公式为：

$$Q = \frac{2\pi Kh(p_w - p_e)}{\mu(r_e/r_w)} \tag{6-4}$$

式中　Q——施工挤住排量，m^3/d；

K——调剖层渗透率，D；

h——调剖层厚度，m；

p_w——施工井井底压力，MPa；

p_e——油层平均压力，MPa；

μ——调剖剂的黏度，$mPa \cdot s$。

4. 调剖现场施工工艺

利用泵车向调剖目的层注入调剖剂体系，较典型的工艺流程如图 6-6 所示，调剖液的注入顺序为前置液→调剖液→顶替液。

5. 施工程序

1）施工准备

（1）调查井身结构、油层、射孔、历次施工、历年生产和测试资料等，以及目前的井下管柱和井场状况等资料。

（2）三项设计（地质设计、工程设计、施工设计）齐全。

（3）分层调剖所用的井下工具符合设计要求。

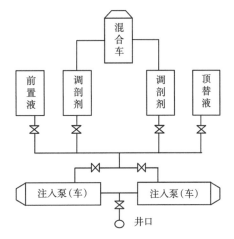

图 6-6 单液法调剖施工地面流程示意图

（4）检查施工所用的化学药剂及井下工具的各项技术指标应满足施工设计要求。

（5）检查泵注设备、井口装置、高压管线的承压能力应达到施工设计压力的 1.5 倍。

（6）检查配液池清洁无渗漏，安全防护设施齐全可靠。

2）施工工序及要求

（1）开工验收及准备执行。

（2）通知井站所属单位，对施工井停注，依据施工要求降压。

（3）对井口装置按要求进行试压。

（4）清理井场，按施工设计要求由施工单位合理摆放相关设备，挤注管线应尽可能远离配液操作区。

（5）按工艺要求连接流程，并经现场监督检查合格。

（6）关闭注水阀门，对管线进行试压，压力为设计最高压力的 1.5 倍；如有特殊要求，按设计进行试压。

（7）用注入水进行反洗井至进口、出口水质一致。

（8）正常注水 2~4h。

（9）测注水指示曲线、压降曲线和吸水启动压力，计算调剖层的吸水指数。

（10）依据设计要求，按比例配制调剖药剂，并取样检验黏度和浓度是否符合设计要求，误差控制在±5%范围内。

（11）试挤。依据设计要求，确定调剖药剂的挤注压力和排量，一般情况下排量控制在 5~15m³/h，压力控制在设计要求范围内。

（12）按设计要求挤入前置液、调剖剂、顶替液，同时填好施工记录和监督记录。

（13）按设计要求关井候凝，录取关井压力，记录压力扩散情况。

（14）依据设计要求关井结束后，开井投注。

6. 质量监督

1）施工队伍资质

（1）审查施工方资质是否有效。

（2）审查施工单位人员技术素质状况、设备状况是否满足施工要求。

2）药剂质量监督

检查各种调剖剂、添加剂种类和用量，监督其是否按照配液设计要求加全、加准，对调剖剂进行抽样检测评价，确保实配的调剖剂性能与室内研究配方一致。

3）施工工序质量监督

（1）检查井口装置有无泄漏，配件、阀门、仪表是否齐全和灵活好用，否则要求整改合格。

（2）记录注水井正常注水时的水表底数，便于计算注入过程中的用水量。

（3）检查施工设备摆放是否合理、施工工艺流程连接是否符合设计要求、道路是否畅通，方便车辆出入。

（4）检查动力源是否合符合安全有关要求，并做好记录。

（5）检查现场施工所用报表是否齐全，并符合规定要求。

（6）检查现场施工所有容器是否清洁，否则要求整改合格。

（7）要求施工单位对所用设备、设施空载运行，并进行试压符合设计要求，做好记录。

（8）依据施工设计，全过程监督施工方的施工，并录取好资料。

（9）依据施工设计，监督注入量、注入压力是否在设计范围内。

（10）要求及时准确记录药剂的加入、倒罐等情况，并将施工过程的资料填入报表。

（11）制订应急预案。

4）录取资料质量监督

（1）在施工过程中，应按设计要求录取相关资料，并使之符合有关规定要求。

（2）施工结束后，要及时清点、整理所录取的资料及数据，核对药剂用量、总注入量是否符合设计要求，并作为结算的依据。

（3）按规定上报施工资料、监督资料和施工总结。

（4）施工结束正常注水一周后，录取注水井吸水指示曲线、吸水启动压力和井口压降曲线。

（5）施工后一个月内，采用相同的测井方法，在相同条件下测试吸水剖面。

（6）由技术人员及时绘制施工前后的注水曲线、受效井的采出曲线及水驱特征曲线，为效果分析提供技术资料。

5）HSE 有关要求

（1）井场用电按有关规定进行，非专业人员不能进行操作。

（2）流程试压过程中，所有人员远离高压危险区；施工过程中，非工作人员不得进入施工区域。

（3）施工人员劳保用品穿戴齐全，严格遵守操作规程。

（4）药剂残液按规定处理，不能造成环境污染。

（5）调剖剂如果溅落到皮肤上应立即用清水冲洗干净；使用有毒药剂时要有安全防护措施。

6）效果评价

（1）注水井吸水剖面是否有效的确定。注水井经调剖措施施工后，其变化情况符合下列三项之一者为有效：

①调剖层段在无井下配水水嘴情况下，启动压力提高 0.5MPa 以上（启压与破压的压差不大于 2MPa），启动压力提高 1.0MPa 以上（启压与破压的压差 2～4MPa）；启动压力提高 1.5MPa 以上（启压与破压的压差不小于 4 MPa）；

②吸水剖面发生明显合理变化，高吸水层降低吸水量，低吸水层增加吸水量，一般在 10% 以上；

③吸水指示曲线的斜率增大或平行上移。

（2）注水井调剖后，相连通的油井产液量下降，含水率下降，采油量上升或稳定（保持三个月以上），即可视为有效。

（3）注水井调剖成功率和有效率。

①注水井调剖现场施工技术符合调剖井设计技术要求的井数与调剖总井数之比为注水井调剖的成功率。经调剖措施施工的注水井中，有效井数与总调剖井数之比可作为注水井调剖的有效率。

②调剖施工注水井相对应的油井中，有效井数与总对应油井数之比为对应油井见效率。

（4）注水井调剖后增产油量和减少水量计算。

①增产油量为对应油井单井增产油量之和。

②减水量为对应油井单井减水量之和。

三、现场实例分析

1. 调剖井地质状况简介

以大庆油田一口井为例，该井射开层位为萨Ⅱ油层组、萨Ⅲ油层组和葡Ⅰ油层组，其中葡Ⅰ1₂₋₃ 层为主力油层，其他为非主力油层，萨Ⅱ油层组、萨Ⅲ油层组主要发育薄差油层和表外储层。主力油层为三角洲分流平原相和内前缘相沉积，砂体呈条带状、片状分布；非主力油层除葡Ⅰ1₁ 层为三角洲内前缘相沉积外，其余为前三角洲和外前缘相沉积，砂体呈席状、局部条带状或零星分布。该井基础地质数据及生产动态数据见表6-5。

表 6-5　调剖井基础地质数据

完钻日期	1998.02.24	完钻井深，m	1139.0
人工井底，m	1123.1	套补距，m	2.93
油管规范及深度 ϕ mm×m	62×894.67	套管规范及深度 ϕ mm×m	139.7×1134.3
射孔日期	1998.05.06	射孔弹	YD-89
射孔井段	903.0~1017.9	射开层位	萨Ⅱ、萨Ⅲ、葡Ⅰ
砂岩厚度，m	17.6	有效厚度，m	4.8
破裂压力，MPa	11.6	孔隙度，%	25

2. 调剖井调剖层位确定

通过地质条件及生产动态数据，确定该井调剖层段为萨Ⅲ2_1及以下。该层段表现为高渗透率、高吸水能力油层，具体表现如下：

（1）该井施工前调剖层段指示曲线测试结果表明，调剖层段注水特点为启动压力低，仅为 6.1MPa（与破裂压力差为 5.6MPa），并且注入压力为 8.1MPa 时，注水量高达 221m³/d，视吸水指示数高达 27.3m³/（d·MPa）（图 6-7）。

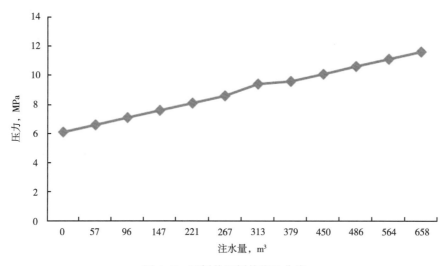

图 6-7　调剖井调剖前指示曲线

（2）该井施工前调剖层段吸水剖面测试结果表明，该层段存在高吸水层，如萨Ⅲ7_1、葡Ⅰ1_{2-3}层吸水比例分别占全井吸水的 28.93% 和 22.57%，见表 6-6。

表 6-6　调剖层段调剖前吸水剖面测试结果

油层	砂岩厚度，m	有效厚度，m	吸水百分数，%	备注
萨Ⅱ1_2	0.3	0.3		
萨Ⅱ2_2	0.4			非调剖层段
萨Ⅱ8_2	0.6			
萨Ⅱ10_1	0.6	0.3	7.50	

油层	砂岩厚度, m	有效厚度, m	吸水百分数,%	备注
萨Ⅱ11$_3$	0.7			非调剖层段
萨Ⅱ11$_4$	0			
萨Ⅱ12$_2$	1.7	0.7	20.89	
萨Ⅲ2$_1$	0.9	0.4		调剖层段
萨Ⅲ2$_2$	0.6			
萨Ⅲ4	0.8	0.4	11.43	
萨Ⅲ7$_1$	1.3	0.4	28.93	
萨Ⅲ7$_2$	1.2	0.4		
萨Ⅲ7$_3$	0.5			
萨Ⅲ9+10$_1$	0.6			
萨Ⅲ9+10$_2$	0.5			
葡Ⅰ1$_1$	0.5		8.68	
葡Ⅰ1$_{2-3}$	1.3	0.7	22.57	

（3）基础地质数据也证明该井萨Ⅲ7$_1$、葡Ⅰ1$_{2-3}$层为主体砂，沉积发育较好，油水井连通好。

3. 现场施工情况及措施效果分析

1）注入工艺确定

该井调剖注入工艺确定为高浓度聚合物调剖剂与颗粒复合注入工艺。

2）调剖施工情况

（1）调剖前试注：注水排量为 0.4m³/min，试注压力 6.5MPa。

（2）注入高浓度聚合物调剖剂：注入量为 60m³，注入压力由 6.5MPa 上升到 8.3MPa。

（3）注入高浓度聚合物调剖剂+颗粒：注入量 26m³，注入压力由 8.3MPa 上升到 11.6MPa。

（4）替挤：替挤聚合物溶液 1.5m³ 和清水 3.0m³，关井候凝 72h。

3）调剖后效果分析

（1）调剖后调剖层段吸水指示曲线明显变陡，视吸水指数下降，启动压力升高了 2.5MPa（图 6-8）。

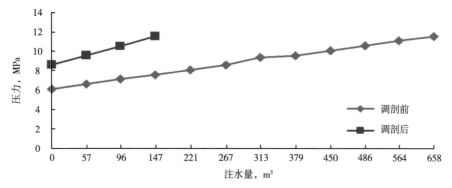

图 6-8 调剖井调剖前后吸水指示曲线

（2）调剖后调剖层段水嘴放大，全井注入压力得到有效提升（表6-7、表6-8）。

表6-7　调剖井调剖前生产数据

层段	注水压力，MPa	配注，m³/d	实注，m³/d	水嘴，mm
萨Ⅱ10₁ 及以上	8.0	10	12	空
萨Ⅱ10₂-12₂	8.0	10	10	空
萨Ⅲ2₁ 及以下（调剖层段）	8.0	55	57	2.4
全井	8.0	75	79	

表6-8　调剖井调剖后生产数据

层段	注水压力，MPa	配注，m³/d	实注，m³/d	水嘴，mm
萨Ⅱ10₁ 及以上	11.1	15	16	空
萨Ⅱ10₂-12₂	11.1	15	15	空
萨Ⅲ2₁ 及以下（调剖层段）	11.1	40	39	10.0
全井	11.1	70	70	

（3）注入剖面测试结果也进一步表明，调剖后吸水小层数由调剖前的5个增加到调剖后的7个，调剖层段5个强吸水层吸水能力得到有效控制，3个薄差层得到有效动用。

参 考 文 献

[1] 孙宝京. 滩海油田水井调剖效果的数理统计分析 [J]. 中外能源，2008（4），21-23.

[2] 刘合，闫建文，薛凤云，等. 大庆油田特高含水期采油工程研究现状及发展方向 [J]. 大庆石油地质与开发，2004（23），65-68.

[3] 张艳琴，邹远北，周隆斌，等. 有机铬交联剂部分水解聚丙烯酰胺凝胶深部调剖试验 [J]. 江汉石油学院学报，2003，25，127-129.

[4] 熊生春，王业飞，何英. 聚合物驱后交联聚合物深部调剖技术室内试验研究 [J]. 油气地质与采收率，2005（12），77-80.

[5] 罗宪波，蒲万芬，武海燕，等. 交联聚合物溶液在多孔介质中调驱效果实验研究 [J]. 油田化学，2004（21），340-342.

[6] 段洪东，侯万国，韩书华，等. 制备聚合物冻胶用有机铬和有机铬铝交联剂组成研究 [J]. 油田化学，2002，17（1），43-46.

[7] 戴彩丽，王业飞，赵福麟. 缓交联铬冻胶体系影响因素分析 [J]. 石油大学学报（自然科学版），2002（26），56-59.

[8] 张光明，王正良，周晓俊，等. 聚合物延迟交联深部调剖堵水技术研究 [J]. 石油与天然气化工，2000（29），308-310.

[9] 任敏红，陈权生，焦秋菊，等. 有机铬交联剂 CXJ-Ⅱ 的研制与应用. 石油与天然气化工 [J]. 2007，142-146.

[10] 李永太，彭志刚，冯茜，等. 深部调驱用弱凝胶有机铬交联剂的合成与性能 [J]. 西南石油学院学报，2003（25），46-48.

[11] 汪庐山，段庆华，张小卫，等. 有机铬交联聚合物驱油剂的研制及矿场应用 [J]. 油田化学，2000，17（1），58-61.

[12] 陈福明，牛金刚，王加滢，等. 低浓度交联聚合物深度调剖技术研究 [J]. 大庆石油地质与开发，2001（20），66-69.

[13] 龙华. 高效低成本改善注水区块开发效果配套技术 [J]. 石油钻采工艺，2004（10），82-84.

第七章　动态监测技术

油田动态监测技术是指借助仪器、仪表及相关设备，对地层和井筒的相关信息进行录取、处理和分析，从而认识油藏渗流规律、分析井筒技术状况、指导油田开发、提高开发水平的一项重要技术。它是认识油藏、制订开发调整政策、科学开发油田、提高采收率的重要手段和依据，作为一项系统工程，它始终贯穿于油田开发的整个过程[1-2]。

动态监测资料中的产液剖面和同位素注入剖面，是开发分析调整中，最常用的动态分析资料之一[3]。它可以揭示开发区块的层间和层内矛盾，可用于分析油井出水层位及来水方向、了解注采井组井下储层变化规律，掌握油田储量动用状况，为实施控水稳油措施提供重要依据。

第一节　开发单元动态监测

在油井生产过程中，开发单元动态监测主要的技术手段是产液剖面监测，即对油层的不同小层油水分布状况进行检测。

产液剖面一般是在两相流动状况下测定。在两相流动状况下，每相液体的性质、流速和流量不同，就出现了不同的流态，它是监测油井生产动态、了解分层产出效果的一种手段，测量参数包括分层产液量、含水率、井温和磁定位。对所测各项参数进行综合分析，可初步掌握油、水产出部位，产出量和油（水）含量，确定油井的主要出水层并对高含水层适时堵水作业，对低含水层进行挖潜改造，达到油田稳油控水的目的。

一、判别高含水层

利用产液剖面测井寻找高含水层并进行堵水，可以改善油井的开发效果。高含水层在产液剖面测井上主要有以下特征：

（1）高含水井的主要产液层必然是高含水层。

（2）如果某一层的井温梯度很小，那么说明该层产液量很大（产液量越大，井温梯度越小，或在高产液层处，井温梯度出现明显异常）。如果该层所在的井产水率很高，那么基本上可判定该层为高含水层。

以高 226-S375 井为例，该井是萨中油田中区西部高台子区块的一口加密调整井，于2009 年 12 月投产，射开砂岩厚度为 18.1m，有效厚度为 5.1m，周围连通 4 口注水井。该井自投产以来，含水率从 95% 上升到 2018 年 4 月的 98%，属于特高含水井。从其 2017 年的产液剖面成果图来看，其 5 号层的井温曲线有异常，且异常井段达 10m，说明该处产出大量低温液体。而测量结果显示 5 号层（高Ⅳ2-3 单元）日产液 6.3t，含水率为 98.3%。2~4号层（高Ⅲ7—高Ⅳ3 单元）日产液量合计达到 24.0t，含水率均在 96% 以上，以此判断 2~5 号层均为高含水层。该井全井仅 1 号层（高Ⅱ27-34 单元）日产液 9.4t，含水率为

92.3%，虽然因含水率较低存在挖潜潜力，但射开砂岩 3.4m，有效厚度仅为 1.0m，挖潜潜力较小。故该井的调整方向是以控水为主，降低低效循环。

二、寻找潜力层

从产液剖面测井资料上看，有些井中的个别层虽然已射孔、压裂，但测量显示无产液量或者产液量很少，井温曲线也没有反应产出，而从常规测井曲线上看，这些层的物性、电性良好，且有效厚度大，理论上应该有很大的产液量，综合分析这样的层为潜力层。

高 119-更 40 井是萨中油田北一区断东高台子区块的一口老井，于 1998 年 8 月投产，开采高 I 层、高 II 层，射开砂岩厚度为 66.8m，有效厚度为 33.2m，周围连通 2 口注水井。该井自投产以来一直保持较好产能，日产油量保持在 5t 以上。从其 2011 年的产液剖面成果图来看，其 2 号层的井温曲线有异常，存在大量低温液体，含水率高达 99.6%。2号层包括高 I 4-14 单元共计 8 个小层，砂体整体发育较差，但其中高 I 11-13 单元射开砂岩厚度达 7.3m，判断为主要高含水高产液层，对该段实施堵水，并相应调整对应水井该段水量，控制高含水层；该井 4 号、5 号、7 号层含水较低，存在挖潜潜力，可实施压裂改造。

第二节　分层动用状况监测

在开发过程中，分层动用状况主要是指注水井中各小层的吸水状况，是评价油田开发效果的一项重要指标。其主要的监测技术和手段是同位素注入剖面测井[4]。

同位素注入剖面测井是在注水井正常注水的情况下将放射性同位素示踪剂注入到井内，人为地提高地层的伽马射线强度，而随着注入水的流入，这些示踪剂将滤积在井中注水层的岩层表面上，然后用自然伽马测井仪测出追踪曲线；各注水层注水量的多少，在测井曲线上将显示出放射性强度的差异，通过对比前后不同时间所测得的自然伽马曲线，就可以得出各层注入量的多少。同位素注入剖面测井资料所使用的曲线包括自然伽马曲线、同位素追踪曲线，但在实际生产中，由于井下状况复杂，吸水面积较难确定，因此在同位素测井中增加了磁定位、井温、流量等参数，可以检查井下工具工作状态，反映注水井沾污程度并进行沾污校正，验证大孔道的存在等。

一、检查井下工具工作状态

1. 封隔器卡层

井下封隔器主要用来密封井内工作管柱与井壁内壁环形空间，它与配水器组合对应，以确保注入水全部注入地层，但有的井在作业时的工具深度有误，改变了地质设计的配水方案，使配注失去了意义。同位素注入剖面测井资料上的管柱曲线可以准确反映出井下工具位置异常情况。从图 7-1 中可知，A 井有 5 段均有吸水显示，经过各参数综合分析后确定第 4 段为主要吸水层。由于所设计的工具位置与实测工具位置存在约 3m 的差异，导致三级封隔器卡层，从而使配注量与相对吸水量出现一定的差异。由此可见工具位置的差异会影响到分段配注效果，进而影响全井注水效果。这种情况下建议调整井下工具位置（表7-1），避免封隔器卡层，使井下各层均能达到配水要求（表 7-2）。

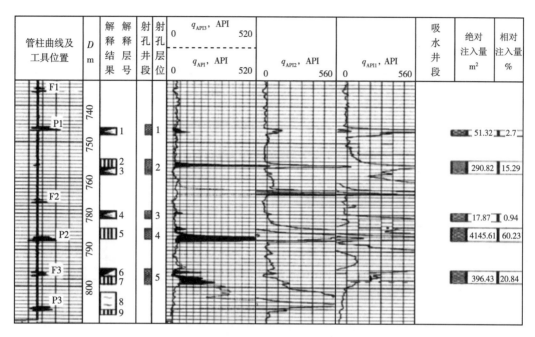

图 7-1 A 井同位素注入剖面解释成果图

表 7-1 设计与实测工具位置对比

工具位置	设计工具位置，m	实测工具位置，m
F1	732.26	735.5
P1	742.71	746.1
F2	762.33	766.3
P2	773.38	776.8
F3	783.16	786.5
P3	794.16	796.3

表 7-2 配注量与相对吸水量对比

配注段（射孔层位）	配注量，m^3/d	相对吸水量，%
1 段（1+2）	20	17.79
2 段（3+4）	20	61.17
3 段	10	20.84

2. 封隔器失效

封隔器的密封问题直接决定着分层注水的质量。封隔器密封不严将会导致全井不能正常注水，从而降低分层注水质量，影响区块注水开发效果。通过逐条分析追踪曲线，以及水到达油套环形空间后的分布情况，同时参考流量、井温曲线，判断配水器进水情况，从而确定封隔器的工作状况。从图 7-2 可以看出，B 井在二级封隔器处同位素追踪曲线及流量均有明显吸水显示，而且井温曲线负异常，说明二级封隔器进水，已失效。

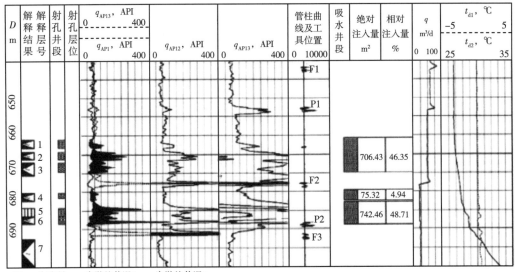

注：q为流量；t_{d1}为微差井温1；t_{d2}为微差井温2。

图7-2　B井同位素注入剖面解释成果图

二、反应注水井沾污程度并进行沾污校正

在同位素注入剖面测井中，凡是不直接线性反应注入量的同位素显示减弱或消失现象，称为同位素示踪沾污。按沾污程度可分为轻、一般和严重；沾污形成机理可分为吸附沾污和沉淀沾污；按沾污类型可分为管壁、接箍和工具沾污。其沾污在曲线上表现为在非吸水井段及接箍、井下工具位置形成同位素异常高值。由于存在这种不同程度的沾污，使得测井曲线不能真实、准确地反映地层注水情况，更无法取得准确、可靠的动态监测资料，因此需要进行沾污校正。

1. 判断工具沾污（配水器沾污）

这类沾污在追踪曲线上的表现形态为曲线的幅度由低值突然变为高峰，形似尖刀状，其峰值对着配水器位置或在其上方。

C井同位素注入剖面上（图7-3）可明显看到配水器位置，追踪曲线有明显的高尖峰值，对于面积较大且明显的沾污，如果不进行沾污校正，就会对综合解释结构有所影响，无法确定主要吸水层。从表7-3中可以看出，峰值明显的7号和15号解释层在校正前后其相对吸水量有明显的变化，而且在沾污校正后可以确定3号、4号解释层为该井的主要吸水层。

表7-3　沾污校正前后各小层相对吸水量对比

解释层号	校正前相对吸水量，%	校正后相对吸水量，%
3+4	37.62	67.16
7	29.49	11.30
10	3.87	6.43
13+14	3.37	5.98
15	25.65	9.24

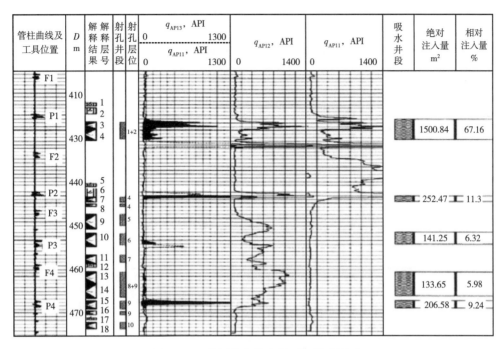

图 7-3　C 井同位素注入剖面解释成果图

2. 判断油管壁、套管壁沾污

同位素源在下移过程中由于管壁腐蚀或管壁脏、沾有油污等杂质而导致的吸附沾污，表现在非射孔层段追踪曲线幅度大段提高。图 7-4 中标注处为油管壁、套管壁沾污，针对

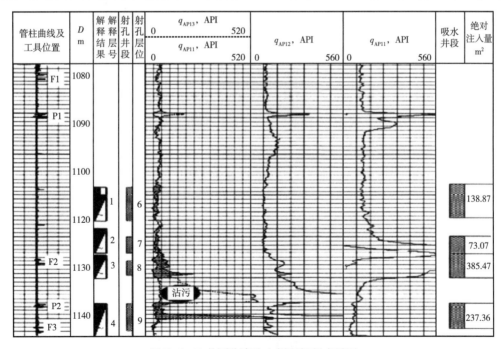

图 7-4　D 井同位素注入剖面解释成果图

这类沾污校正，通常在油管壁、套管壁沾污的面积上乘以某一特定系数将其换算为有效沾污面积，然后将其按一定比例分配给各注水层段，最后计算出各分层相对吸水量，从而降低沾污对综合解释结论的影响，确保资料的真实性和可靠性。

3. 验证大孔道的存在

由于注水井长期注水冲刷，储层地层中的小颗粒物质被带走，使岩石孔隙增加，故而形成大孔道。在测井曲线上表现为：吸水层段同位素没有异常高峰而井温曲线负异常却有吸水显示。这是因为同位素载体粒径小于地层孔喉直径而被"吞入"的原因，对此建议更换载体重新测井，以便更准确地判断各层注入量。根据 E 井同位素追踪过程分析（图7-5），3 段配水段均有吸水，但参考流量及井温数据，第 3 配水段应有大量吸水，这与同位素追踪曲线结果矛盾。综上所述，怀疑该段存在较大孔道，同位素随水进入地层较深，以致同位素异常不明显，这种情况下建议更换载体粒径重新测井，使同位素注入剖面测井准确反映各小层相对吸水量。

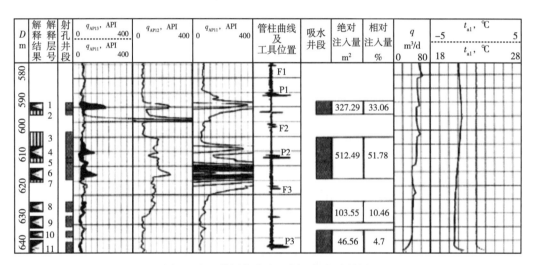

图7-5　E井同位素注入剖面解释成果图

三、反映油层动用状况，指导开发调整方案的制订

在采油井与注水井之间，如果地层是相互连通的，则注水井同位素注入剖面基本上反映了连通的采油井同期的产液剖面。通常从测出的某油井的产液剖面及临近注水井的同位素注入剖面来看，在采油井中的主力产层及出水层，与其连通的层位在同位素注入剖面上表现为主力吸水层，与不产出层或低产出层连通的层位在同位素注入剖面上表现为不吸水或吸水性较差。

同位素注入剖面的变化往往导致连通油井产液剖面的相应变化。因此根据注水井的同位素注入剖面资料，可以判断油井的出水层位及水淹级别；反之，根据采油井产液剖面测井资料，可以判断注水井的注水层位及方向。在实际的开发调整中，常常利用注水井的同位素注入剖面资料，以注采井组为单元，进行油水井对应分析，及时制订注水井调整方案，对油井主要产水层控制注水，对动用差或存在剩余油富集的主力油层加强注水，真正做到"注够水""注好水"，改善油田开发效果。

以高113-F28井为例，该井是位于萨中油田北一区断西高台子的一口注水井。于2002年8月投注，射开砂岩厚度为75.9m，有效厚度为40.7m，周围连通6口采油井。该井2016年6月的同位素注入剖面测井资料显示，层段间相对吸水量较为均衡，但相对吸水层段仅有12个，油层动用程度较低。同期周围6口采油井含水率上升速度有加快趋势。分析认为该井受下调配注、注入压力下降影响，油层动用变差；2016年9月对该井实施测试调整，上调动用较差的层段配注20m³，注入压力由13.0MPa上升到13.4MPa；2017年3月的同位素注入剖面测井资料显示吸水层段为19段，油层动用程度得到了较好的改善，周围油井日产液量、日产油量均有所上升，含水率下降明显，取得了较好的开发效果。

第三节 开发检查井动态监测

油田为了实现可持续发展，需要对地下石油储量有较清楚的认识。钻开发检查井，通过密闭取心的方式，可以较直观地实现高含水油田剩余油分布的认识。而对开发检查井实施动态监测，可以很好地实现目标井、目标区域、现开发阶段和初始测井解释资料之间的对比，进而为研究注水开发油田油层地下变化规律提供直观、准确、可靠的数据支持，为今后油田的开发提供依据[5]。

中44-检P204井是2006年钻取的一口密闭取心井，对其高台子油层取心资料进行统计分析（表7-4），从密闭取心资料看出，高台子油层经过20余年的开发，各类油层均已水洗动用，砂岩水洗厚度占比达到62.7%，有效水洗厚度占比达到86.6%。其中，有效厚度大于等于0.5m的油层已层层见水，水洗有效厚度比例达到92.9%，有效厚度小于0.5m的表内储层水洗有效厚度占比为77.6%，表外储层只有31.3%的砂岩厚度水洗。从取心井中44-检P204井点位置看，该井距高一组、高二组油层注水井仅90m左右，距离较近会造成水洗解释结果比实际动用状况偏高，这样高台子油层仍有37.3%的砂岩厚度未水洗，13.4%的有效厚度未水洗，表外层未水洗砂岩厚度占比高达68.7%。

表7-4 密闭取心井水洗状况统计表

厚度分级	有效层			见水层						水洗厚度			
	层数 个	砂岩厚度 m	有效厚度 m	层数 个	砂岩厚度 m	有效厚度 m	层数 个	砂岩厚度 %	有效厚度 %	砂岩厚度 m	有效厚度 m	砂岩厚度占比 %	有效厚度占比 %
≥2.0	1	2.9	2.3	1	2.9	2.3	100	100	100	2.7	2.1	93.1	91.3
1.0~1.9m	2	4	2.5	2	4	2.5	100	100	100	3.8	2.4	95	96
0.5~0.9m	6	6	3.6	6	6	3.6	100	100	100	5.7	3.3	95	91.7
小计/平均值	9	12.9	8.4	9	12.9	8.4	100	100	100	12.2	7.8	94.6	92.9
<0.5m	20	14.2	5.8	18	12.7	5.4	90	89.4	93.1	11.1	4.5	78.2	77.6
表外	44	20.1		16	13.8		36.4	68.7		6.3		31.3	
合计/平均值	73	47.2	14.2	43	39.4	13.8	58.9	83.5	97.2	29.6	12.3	62.7	86.6

从层内水洗程度看出，厚层层内、中—低渗透层及薄差油层均存在未水洗厚度，有效厚度小于0.5m的油层以中水洗为主（表7-5），水洗段驱油效率虽然达到了42%左右，但

采出程度仅为34.5%，仍有一定的剩余油潜力。

表7-5 水洗层水洗程度统计表

厚度分级	水洗厚度		强水洗				中水洗				弱水洗			
	砂岩厚度 m	有效厚度 m	砂岩厚度 m	有效厚度 m	砂岩厚度占比 %	有效厚度占比 %	砂岩厚度 m	有效厚度 m	砂岩厚度占比 %	有效厚度占比 %	砂岩厚度 m	有效厚度 m	砂岩厚度占比 %	有效厚度占比 %
≥2.0	2.7	2.1	1.8	1.4	66.7	66.7	0.9	0.7	33.3	33.3				
1.0~1.9m	3.8	2.4	0.7	0.4	18.4	16.7	2.6	1.6	68.4	66.7	0.5	0.4	13.2	16.7
0.5~0.9m	5.7	3.3	0.3	0.2	5.3	6.1	5.4	3.1	94.7	93.9				
小计/平均值	12.2	7.8	2.8	2	23	25.6	8.9	5.4	73	69.2	0.5	0.4	4.1	5.1
<0.5m	11.1	4.5	2.9	1.1	26.1	24.4	8.1	3.3	73	73.3	0.1	0.1	0.9	2.2
表外	6.3		0.7		11.1		5		79.4		0.6		9.5	
合计/平均值	29.6	12.3	6.4	3.1	21.6	25.2	22	8.7	74.3	70.7	1.2	0.5	4.1	4.1

总体来看，各种资料显示高台子有效厚度小于0.5m的油层动用状况相对较差，在各套井网水驱含水率90%的条件下，动用好的比例只有25%，还有20%左右的厚度未动用，说明该类油层仍存在一定的水驱潜力。

高423-28井是距离中44-检P204井井距40m的一口开采高台子油层的采油井。该井于2010年9月投产，开采高Ⅱ1—高Ⅲ8层段，初期日产液36t，日产油5t，含水率为86.1%，显示有一定的剩余油富集。该井周围连通4口注水井，其中3口井2011年监测了同位素注入剖面。从这几口注水井的注入剖面资料来看（表7-6），高323-S285井射开小层数46个，吸水小层6个，动用比例为13%；高323-S28井射开小层数36个，吸水小层2个，动用比例为5.6%；高125-S285井射开小层数42个，吸水小层7个，动用比例为16.7%，油层动用程度均较差，与中44-检P204井密闭取心资料分析一致，分析是受高台子油层自身发育较差、非均质性较强、平面连通性较差影响，建议通过压裂等措施提高注采对应关系，提高单井产能。

表7-6 中44-检P204井周围高台子油层注水井同位素注入剖面解释成果表

井号	测试日期	注入压力 MPa	序号	层位	砂岩厚度 m	有效厚度 m	绝对吸水量 m³	相对吸水量 %
高323-S285	2011.05.04	12.8	1	高Ⅱ1	1	0.0	20.61	38.88
			2	高Ⅱ9	0.8	0.3	8.65	16.33
			3	高Ⅱ14	0.7	0.3	9.08	17.13
			4	高Ⅱ*14	0.2	0.0	2.31	4.36
			5	高Ⅱ24	3.3	0.5	6.19	11.67
			6	高Ⅲ1-2	2.4	0.5	6.16	11.62
高323-S28	2011.05.28	12.5	1	高Ⅱ*3	0.9	0.0	31.84	66.33
			2	高Ⅱ*7	1.2	0.0	16.16	33.67

续表

井号	测试日期	注入压力 MPa	序号	层位	砂岩厚度 m	有效厚度 m	绝对吸水量 m³	相对吸水量 %
高125-S285	2011.05.01	12.5	1	高Ⅱ6	0.9	0.0	10.07	14.39
			2	高Ⅱ12	2.5	0.3	11.21	16.02
			3	高Ⅱ21	1.8	0.3	6.78	9.69
			4	高Ⅱ24	1.7	0.0	5.31	7.59
			5	高Ⅱ*26	0.2	0.0	9.81	14.02
			6	高Ⅱ*32	0.8	0.0	6.65	9.50
			7	高Ⅲ2-3	3.8	0.5	20.15	28.79

参 考 文 献

［1］孟立新，黄恒棣，袁希卓，等．动态监测技术在复杂断块油藏精细描述研究中的应用［J］.特种油气藏，2008，15（s2），93-94.

［2］夏竹君，刘翠萍，刘国建，等．利用动态监测资料进行构造再认识［J］.国外测井技术，2003，18（2），24-26.

［3］霍树义．油田整体堵水最佳方案和动态监测技术［J］.同位素，1989，2（2），124-128.

［4］鲁章成．影响吸水剖面资料准确性的因素分析及对策研究［J］.内蒙古石油化工，2003，29（s1），181-183.

［5］李奇龙．浅析盘检41-301井的密闭取芯工艺［J］.西部探矿工程，2014，26（6），52-54.

第八章　精细生产管理

精细生产管理作为油田生产管理的一部分，是保证油田开发效果的基础工作，是油田开发方案实施的重要环节，注水井管理水平的高低直接影响油田的"注够水""注好水"，对开发效果影响大，满足油田开发需要是注水井管理的大原则。在科学制订注水方案的前提下，在设备满足要求和水质达标的基础上，应用技术手段和管理手段，按照系统管理思路，围绕运行、质量等方面，更好地实施注水方案，并为开发提供相关资料。

第一节　注水井生产管理

注水井生产管理是指从注水井配注方案实施至注水井日常生产阶段的管理，主要任务是以提高注水质量和管理效率为目标，做好注水井资料录取、设备管理、洗井、问题井处理等工作[1-4]。

50余年来，大庆油田根据开发需要，逐步形成了一套完备的注水井生产管理体系，实现了规范化、制度化和精细化管理，可供其他油田借鉴。

一、管理部门的设置及职责

大庆油田的注水井生产管理分为四级管理，从油田公司到采油厂、采油矿、采油队均设置了注水井管理岗，并明确了相应的岗位职责。

1. 油田公司

在油田公司开发部设置注水井生产管理岗，其职责如下：

（1）贯彻执行中国石油天然气股份有限公司有关注水井管理的标准、规定，结合油田实际，组织制订、修订有关技术管理标准、规定；

（2）掌握全公司注水井管理情况，及时发现、协调解决存在的问题；

（3）组织推广先进的注水管理经验及注水工艺技术；

（4）组织日常资料录取、设备检查和专项调查工作；

（5）组织开展相关的技术、管理培训工作。

2. 采油厂

在采油厂油田管理部设置注水井管理岗，其职责如下：

（1）贯彻执行油田公司注水井有关标准和规定；

（2）组织检查注水井配注方案执行情况，汇总和上报分层注水合格率情况；

（3）定期组织检查注水井现场资料录取、设备管理情况，分析和整改存在的问题，并对采油矿进行考核；

（4）对采油队注水井班报表、井史、综合记录等资料整理情况进行检查；

（5）协调、解决注水井生产管理中存在问题；

（6）组织开展技术培训工作。

3. 采油矿

在采油矿地质工艺队设置注水井管理岗，其职责如下：

（1）贯彻执行油田公司注水井管理标准、规定；

（2）组织解决注水井生产管理中存在问题；

（3）负责注水井现场资料检查和设备检查工作，并进行考核；

（4）负责月度、季度对采油队注水井班报表、综合记录、洗井记录等资料整理情况检查，并进行考核；

（5）负责制订月度洗井计划，编制、汇总月度注水合格率公报，并及时上报；

（6）组织、协调注水井洗井工作，抽查采油队注水井洗井情况，并进行考核。

4. 采油队

由地质技术员负责注水井生产管理工作，其职责如下：

（1）负责落实资料录取管理规定，监督员工取全取准第一手资料，对录取和填报的数据进行检查；

（2）对注水量和注水质量进行分析，结合生产要求和管理指标完成情况，制订工作计划；

（3）掌握注水井作业、洗井、测试等工作进度，协调解决存在的问题；

（4）组织注水井设备检查；

（5）对影响注水时率和注水质量问题进行分析与上报。

二、注水井资料录取及管理要求

1. 资料录取的主要内容

要录取注水量、油压、套压、泵压、静压、分层流量测试、洗井、水质等 8 项资料。

1）注水量

每天录取注水量。能够完成配注的注水井，日配注量不大于 $10m^3$ 时，日注水量波动不超过 $2m^3$；日配注量在 $10\sim50m^3$ 时，日注水量波动不超过 20%；日配注量大于 $50m^3$ 时，日注水量波动不超过 15%；超过波动范围应及时调整。完不成配注的井，按照允许注水压力或泵压（不高于允许压力）注水。水表发生故障应记录水表底数，按油压估算注水量，但估算时间不得超过 48h。

2）油压、套压、泵压

（1）油压录取要求：正常井每天录取油压。关井 1d 以上时，在开井前应录取关井压力；钻井停注期间每周录取 1 次关井压力。

（2）套压录取要求：下套管保护封隔器井和分层注水井每月录取一次，两次录取时间相隔不少于 15d。发现异常井应加密录取，落实原因。措施井开井一周内录取套压 3 次。冬季（11 月 1 日至次年的 3 月 31 日）可不录取套压。

（3）泵压录取要求：监测井点每天录取 1 次。

3）静压

定点监测井每年测静压 1 次，静压波动不超过 $\pm1MPa$，超过波动范围要落实原因，原因不清时应复测。

4）分层流量测试

每 4 个月测试 1 次，资料使用期限不超过 5 个月。发现日注水量与测试水量不符时，在排除地面设备、仪表等影响因素后，两周内进行洗井或重新测试。

关井 30d 以上的分层注水井开井后，在开井 2 个月内完成分层流量测试。笼统注水井每年测试指示曲线 1 次。

5）洗井资料

记录洗井方式、洗井时间、洗前及洗后水表底数、溢流量。

6）水质资料

定点监测井每月取水样 1 次。

2. 资料的填写、整理与上报

1）班报表填写

注水井班报表用蓝黑墨水钢笔或黑色中性笔手工填写。同一张报表字迹颜色相同、清晰工整，内容齐全准确，相同数据或文字禁止使用省略符号代替，注水量保留整数位，压力保留 1 位小数。

注水井班报表备注栏内主要填写作业、测试、洗井情况，开关井时间及流量计底数，洗井时间和进出口流量等。

若发现数据或文字填错后，在错误的数据或文字上划"—"，把正确的数据或文字填在"—"上方。

班报表要求岗位员工签名。

2）班报表录入

注水井班报表填写完成后，当日上交到资料室。资料室审核整理后，录入油气水井生产数据管理系统（A2），生成生产日报，并在当日审核上报。

3）注水井月度井史的整理与上报

每个月月底，由资料室负责应用油气水井生产数据管理系统（A2）生成注水井月度井史，并在大事记要栏内填写作业施工内容、发生的井下事故、井况调查的结论及地面流程改造等重大事件。新投注的井在两个月内，把钻井、完井、测试、化验等资料录入井史。

3. 采油队建立的资料

（1）注水井班报表。

（2）单井注水方案。

（3）分注井测试成果、笼统注水井指示曲线。

（4）注水井综合记录。

（5）注水井月度综合数据。

（6）注水井井史。

（7）资料录取计划表。

（8）注水井基础数据表。内容包括井号、井别、投产时间或转注时间、开采层位、砂岩厚度、有效厚度、人工井底深度、采油树型号、封隔器型号、原始压力、饱和压力等。

（9）采油队注水管理指标、开发数据、开发曲线、开发简史、生产指挥图。

4. 资料录取现场检查

1）检查的主要内容

注水井资料录取现场检查的主要内容为油压、套压、日注水量的现场检查与报表及测试水量的误差、注水完成率、是否超允许压力注水等。

2）检查指标计算方法

现场检查要先填写注水井资料现场检查记录。

有关检查指标计算方法如下：

（1）油压差值的计算。

$$油压差值＝报表油压－现场油压$$

（2）套压差值的计算。

$$套压差值＝报表套压－现场套压$$

（3）现场检查与报表注水量误差的计算。

$$水表读数差值＝现场水表读数－报表水表读数$$

底数折算日注水量＝水表读数差值±（瞬时注水量×检查时刻距当日结算时刻的间隔时间）

对检查时未到当日结算时刻的用"＋"，对超过当日结算时刻的用"－"。

现场检查与报表注水量误差＝［（底数折算日注水量－报表日注水量）/报表日注水量］×100%

（4）现场检查与测试注水量误差的计算。

$$瞬时折算日注水量＝瞬时注水量×全日时间$$

现场检查与测试注水量误差＝［（检查瞬时折算日注水量－测试日注水量）/测试日注水量］×100%

（5）注水完成率的计算。

$$注水完成率＝（底数折算日注水量/配注量）×100%$$

3）检查指标要求

（1）油压差值不超过±0.3MPa。

（2）现场检查与报表注水量误差：现场检查底数折算日注水量不大于$10m^3$时，误差不超过$2m^3$；现场检查底数折算日注水量在$10\sim50m^3$之间时，误差不超过20%；现场检查底数折算日注水量大于$50m^3$时，误差不超过15%。

（3）现场检查与测试水量误差：现场检查瞬时折算日注水量不大于$10m^3$时，误差不超过$2m^3$；现场检查瞬时折算日注水量在$10\sim50m^3$之间时，误差不超过20%；现场检查瞬时折算日注水量大于$50m^3$时，误差不超过15%。

（4）注水完成率：当现场检查注水压力与允许注水压力差值大于0.5MPa时，对底数折算日注水量不大于$10m^3$的注水井，底数折算日注水量与配注差值不超过$2m^3$；对现场检查底数折算日注水量在$10\sim50m^3$之间的注水井，注水完成率在80%～120%之间；对现场检查底数折算日注水量大于$50m^3$的注水井，注水完成率在85%～115%之间。当现场检查注水压力与允许注水压力差值不大于0.5MPa时，现场检查底数折算日注水量不大于$10m^3$的注水井，底数折算日注水量与配注差值不超过配注以上$2m^3$；现场检查底数折算日注水量在$10\sim50m^3$的注水井，注水完成率不大于120%；现场检查底数折算日注水量大于$50m^3$的注水井，注水完成率不大于115%。

（5）现场检查油压不超过允许注水压力。

4）现场检查管理要求

注水井资料录取现场检查必须严格执行各项管理制度，采取定期检查和抽查相结合的方式进行。

（1）采油矿每月抽查一次，抽查井数比例不低于注水井总数的20%；采油队每月普查1次，并将检查考核情况逐级上报。

（2）采油厂每季度至少组织抽查一次，抽查井数比例不低于注水井总数的10%，要分析存在问题，编写检查公报，并上报油田公司开发部。

（3）油田公司开发部每半年组织抽查一次，并将抽查情况向全公司通报。

三、注水井的设备、设施管理

1. 井口设备管理

井口采油树齐全完好，做到不渗、不漏、不松，阀门开关灵活、防腐，各部位螺丝紧固、满扣。对无井口房的注水井要安装具有防冻、防盗的取压装置，保证录取的压力数据准确。采油树、管线、阀门按标识防腐。

压力表、水表的规格、精度、性能满足生产管理需要及资料录取要求；压力表、水表按要求定期校验，保证录取数据的准确性。

2. 地面设施及井场管理

要在井口注水管线上标识井号，有单井配水间的也要在配水间明显位置涂写井号。井号采用白底黑框、黑字，用仿宋体书写，字体高度大于20cm，线宽2cm。没有单井配水间的井口场地面积为3m×2m，有单井配水间的场地面积为7m×6m，井场要高出地面15cm，场地要求平整、无积水、无油污、无杂草、无散失器材。

3. 安全环保管理

配水间装门上锁，不许堆放杂物；注水井同位素测试后15d内不准放溢流、洗井、测试调配、作业等。

4. 设备维修管理

实施设备春检、秋检制度，并进行检查验收。

四、注水井洗井管理

1. 注水井洗井管理的内容和要求

1）注水井洗井条件

（1）新钻注水井投注、采油井转注前洗井。

（2）作业施工井开井前洗井，下入不可洗井封隔器的井在封隔器释放前洗井。

（3）周期注水、冬季停注、钻井停注恢复注水及其他特殊原因关井超过30d的井在开井前洗井。

（4）因井筒或近井地带油层伤害等原因导致注水能力下降、不能满足方案要求的注水井，应进行洗井。

（5）分层流量测试前应提前3d洗井。

2）注水井洗井操作要求

（1）洗井前关井降压30min。

（2）洗井过程中应平稳操作，连续泵入洗井液，进口排量可根据实际情况调整，进口排量应由小到大，出口排量应大于进口排量。

（3）采用罐车洗井的正常注水井，井口排量应在 $10m^3/h$ 以上，洗井液量至少达到 $30m^3$；对含油、含杂质较多的井，应延长洗井时间，增加洗井液量。

（4）采用高压泵车、循环洗井车洗井的注水井，井口排量控制在 $15\sim25m^3/h$ 之间，连续循环洗井时间至少达到 2h。

3）洗井资料录取及洗井质量要求

（1）注水井洗井时，进出口洗井液量应同时计量，记录洗井时间、进出口流量等，并在当月注水量中扣除洗井过程中的溢流量或加入漏失量。

（2）采用比浊法观察洗井液，判断洗井质量，进出口水质一致时视为洗井合格。

4）环保要求

（1）注水井洗井过程中应确保流程无渗漏、井场无污染。

（2）洗井液在运送过程中应保证无泄漏。

（3）洗井液应在指定地点排放。

2. 不同洗井设备适用性分析

按照目前在用洗井设备类型，可分为罐车洗井、高压泵车洗井、循环洗井车洗井等，由于地面注水站来水排量大小及地面注水工艺不同，不同类型的洗井设备适应不同洗井条件。

1）罐车洗井

洗井装置由 3 台罐车和洗井液转换接头组成。洗井时以注水站来水为动力，进行反洗井，返出洗井液接入罐车；当水罐装满后，再通过转换接头接入另一罐车，实现连续洗井。洗井液拉至污水处理点。

罐车洗井适宜在注水站来水量大、洗井对注水系统影响较小的区块使用。该方法洗井排量能达到要求，设备机动性好，不受地区和季节性限制，不影响油井产量，无需采油队人员配合，具有操作简便、适应性强等优点；缺点为需要配备罐车和在污水站配套建洗井液回收处理池、一次性投入大、单井洗井成本较高，雨季车组进入部分井场困难等。

2）高压泵车洗井

洗井装置由 1 台高压泵车和 4~6 台罐车（清水罐车、污水罐车各 2~3 台）组成。洗井时由高压泵车将清水罐车内的清水打入井内反循环洗井，井口返出洗井液装入污水罐车拉至污水站处理。

高压泵车洗井适用于注水站来水量小、洗井对注水系统影响较大的区块使用。但洗井设备庞大，至少需 1 台泵车和 4 台罐车，井场要求较大，洗井成本高，在油田使用较少。

3）循环洗井车洗井

洗井装置（图 8-1）主要由油水分离器、点滴加药装置、精细过滤装置及循环泵组成（图 8-1）。洗井时洗井液返排到地面后进入沉降池内，通过加药装置均匀点滴加药进行杀菌、絮凝，实现油水分离和泥砂初步沉降；然后经过两级缓冲沉降，实现微小絮凝物及残余泥砂沉降；处理后的洗井液再由高压泵经过滤装置从油套环空注入井内，进行循环洗井。

该方法适用于距离污水处理站远、井距大的区块。优点是洗井排量能够达到要求，减少了罐车洗井中洗井液拉运环节；洗井液无需进行二次处理，减轻了后续处理污水的压力。同时，装置的自动化程度比较高，配备了远程压力、液位监测系统及地面加药泵。由于它具有分段处理污水的特点，减少了后续水处理的负担，具有较好的发展前景，但存在洗井过程中絮凝剂在井筒循环、有伤害油层的可能性、冬季不能进行循环洗井等问题。

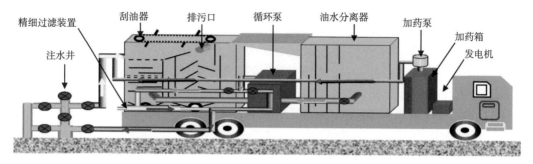

图 8-1　循环洗井车结构示意图

五、注水问题井管理

1. 问题分类

1）关井问题

注水井关井可以分为井筒原因关井、地面原因关井、地质原因关井、措施关井和其他关井（表 8-1）。

表 8-1　注水井关井原因分类

关井原因	具体关井原因举例
井筒原因	管柱断漏、封隔器不密封、掉落物、套管变形、水嘴堵塞等
地面原因	注水泵故障、来水量不足、管线穿孔、阀门损坏等
地质原因	间注关井、试验关井、地质关井、套管保护关井等
措施关井	压裂、酸化、调剖、补孔作业等
其他关井	钻关、冬季关井、安全环保影响关井、自然灾害关井等

2）注水质量问题

（1）欠注问题。

欠注井是指日注水量低于配注水量 20% 的注水井，形成的原因可分为以下三种类型：

①注水压力控制不合理。泵压、允许注入压力较实际注水压力高 0.5MPa 以上，导致未上提压力注水造成的欠注。

②注水压力低欠注。因泵压低造成的欠注，属注水站或注水管网的问题。

③储层条件差欠注。该类井需通过增注措施提高注水量。

（2）超注问题。

超注井是指日注水量高于配注水量 20% 的注水井。形成的原因可分为以下三种类型：

①受设备限制无法调整注水量，如柱塞泵排量偏大，变频器也无法调整到规定的范围，造成超注。

②管理人员现场未调控好排量造成超注。

③泵压大幅升高，使注水压力提高造成超注。

（3）不能分水问题。

不能分水是影响注水质量的突出问题，按照产生的原因和处理的归属，可分为以下几种类型：

①注水量与测试水量不符或测试资料过期。

②注水管柱出现问题需作业调整。

③注水压力低无法分水。

（4）层段注水不合格问题。

可分为欠注层和超注层。欠注层是指日注水量低于配注水量30%的层，形成的主要原因是注水压力低、水嘴堵、储层条件差等。超注层是指日注水量高于配注水量30%的层，形成的主要原因是泵压升高调控不及时、水嘴刺大、封隔器失效等。

3）设备问题

（1）影响计量准确的问题。主要是仪表不按期校验、仪表发生故障、仪表安装不规范等。

（2）设备渗漏、连接件不紧固问题。主要为管线、配水装置、井口的渗漏等，该类问题不及时整改易导致安全事故。

（3）维护保养问题。主要是阀门不按期加注润滑脂、设备防腐不及时等。

2. 问题整改

1）建立问题井处理管理机制

采油厂油田管理部负责问题井处理过程中的总体协调，每月组织召开注水井管理例会，协调解决各环节存在的问题。

地质大队设立专门的注水井管理机构，分析存在问题，提出处理意见，开展问题井跟踪管理。

采油矿设立专门的注水井管理人员，负责分层流量测试、作业、地面故障处理的组织、监督等。

2）开展问题井处理工作

地面原因引起的问题由采油矿和采油队组织解决；地层原因引起的问题由厂地质大队解决；井下工具引起的问题由厂油田管理部和工程技术大队解决。各级组织和人员要制订问题处理计划，跟踪施工进度，确保问题井得到及时处理。

第二节 采出水处理站及注水站管理

采出水处理站和注水站是油田注水系统中的关键环节，担负着采出水达标处理和增压回注的任务，其运行质量直接影响到油田开发效果。在管理上，需要不断强化工作基础、深化精细管理，确保生产管理水平、安全运行能力的持续提升，为油田注水开发提供保障[5]。

一、管理岗位的设置及主要职责

采出水处理站和注水站的管理要遵循分级管理的原则，管理岗位宜设置在生产主管部室，各级管理岗位要明确其主要工作职责，保障生产组织有序。

大庆油田的采出水处理站和注水站实施油田公司、采油厂、采油矿、基层站（队）四级管理。

1. 油田公司开发部主要职责

（1）组织制定采出水处理站和注水站管理细则，并监督执行。

（2）组织制定采出水处理站和注水站管理考核指标，协调解决管理中存在的问题。

（3）组织有关人员对采出水处理站及注水站系统的适应性进行分析，提出新建和改扩建项目建议。

（4）组织推广先进的采出水处理站和注水站管理经验及工艺技术，开展培训与交流活动。

（5）整理、编制采出水处理站和注水站生产年度报表，编制年度工作总结报告。

2. 采油厂油田管理部主要职责

（1）组织并监督有关单位执行采出水处理站和注水站管理的有关规章制度、操作标准和管理细则。

（2）组织分解采出水处理站和注水站管理、技术考核指标，协调解决管理中存在的问题。

（3）对采出水处理站及注水站系统的适应性进行分析，结合生产实际，提出改扩建项目建议。

（4）分析、汇总采出水处理站和注水站系统的各种数据资料，按要求编制相关报表材料并上报油田公司主管部门。

（5）组织审查采出水处理站和注水站系统优化运行方案，并监督执行。

3. 采油矿生产办主要职责

（1）贯彻执行采出水处理站和注水站管理的有关规章制度、操作标准和实施细则。

（2）组织完成采出水处理站和注水站管理的各项管理指标，解决或上报管理中存在的各类问题。

（3）组织采出水处理站、注水站生产运行，负责站间的水量调配和生产协调。

（4）负责产能、老区改造和相关工程维修项目的工艺结合、过程监督及投产验收。

（5）组织生产数据资料的录取和审核，组织生产数据的汇总、分析和上报。

（6）编制采出水处理站和注水站优化运行方案，并监督执行。

4. 采出水处理站（队）和注水站（队）主要职责

（1）熟练掌握本岗位操作规程、作业文件，熟知存在风险、隐患控制和应急措施，严格执行操作规程。

（2）采出水处理站按时化验，监测水质质量，发现水质超标及时调整生产参数及加药量，保证采出水处理质量。

（3）注水站根据生产情况，及时调整参数，确保注水机组在高效低耗状态下运行，做到平稳供水。

（4）按时进行巡回检查、录取资料，按照规定填写、上报资料，负责站内设备的日常维护、保养，参数优化调整。

（5）监管辖区内土地、水、电、气的使用，严格执行污油、采出水等污染物排放及回收的相关法律规定，杜绝污染物外排。

（6）掌握生产岗位的生产状况，杜绝违章指挥、违章操作。

（7）配合维修人员进行设备维修，并做好质量监督。

（8）定期开展安全生产自查活动，对查出的问题进行整改或制定防控措施。

二、生产运行过程中的管理制度

生产运行管理过程中应建立健全采出水处理站和注水站岗位的各项管理制度，强化生产过程与运行质量的监督管理。

1. 水质管理制度

采油厂根据各生产单位的实际情况及行业水质标准，制订合理的水质量化控制目标，并上报油田公司备案；及时向油田公司上报水质控制达标、未达标原因分析等资料。

2. 巡回检查制度

根据生产岗位各关键工艺控制环节，设立全面的"巡回检查点"，并有详细的运行记录；明示各岗位的生产工艺流程图、巡回检查路线图、危险点源控制图、站外管网图、岗位责任制、HSE管理规定等，做到规范、准确、实用。

3. 设备管理制度

各主要生产工艺环节，明确合理的工艺运行参数（质量控制指标、温度、流量、压力、液位、加药量、配水量等），并采用现场挂牌形式注明，严格按要求平稳控制。

4. 药剂管理制度

强化化学药剂和滤料管理，明确检测手段和技术参数，确保质量性能满足生产需求。

5. 资料填报制度

油田公司统一报表格式，各生产岗位资料报表填写应及时、准确，并符合资料管理相关规定。

6. HSE 管理制度

按照相关管理规定做好 HSE 管理，严格执行中国石油天然气集团公司反违章禁令；各重要工艺部位有安全警示牌；安全器材、消防器材配备齐全且合理，并有定期检查记录，确保其有效好用；岗位员工劳保着装整齐规范。

7. 事故预案及上报制度

编制切实可行的"事故应急处理预案""防暴风、暴雨、暴雪预案"等，发现问题及时组织处理。发现重大生产事故，应在第一时间内上报主管部门。

8. 岗位培训制度

切实抓好员工生产技能培训工作，岗位员工要熟练掌握工艺流程、设备性能、操作规程及各项生产工艺参数，杜绝人为因素造成的生产质量和安全事故。

9. 公报管理制度

油田公司建立"水处理和注水质量公报"制度，采油厂月度上报，公司季度通报，并定期召开油田水处理和注水系统工作例会。

10. 检查与考核制度

油田公司建立和完善水处理和注水管理检查考核制度，每年进行考核检查，并制订相应的奖惩制度。

三、生产现场的安全管理

生产现场管理应根据国家、行业和企业的安全管理要求，结合本站特点，制订具体的生产安全管理规定并监督实施，保障防范有序。大庆油田的安全管理规定主要包括以下内容：

（1）采出水处理站和注水站的生产操作必须严格执行《油田水处理站技术管理规范》《污油回收操作规程》《离心泵操作规程》等一系列国家、行业和企业的操作规程和标准，并定期组织版本更新。

（2）生产管理要坚持干部值班制度，生产干部做到24小时管生产。生产岗位上岗人员必须持证上岗，严禁脱岗、串岗、酒后上岗、长时间离开值班室，严禁在岗位上从事与生产无关活动，严禁存放与生产无关的私人物品。上岗期间严禁佩戴金属饰品，岗位工人上岗必须执行"三穿一戴"（穿工服、穿工裤、穿工鞋、戴安全帽）劳动保护条例。

（3）站内有醒目的安全标识和警句，围栏和进站门完好，进站大门前标牌上有安全联系人，进站人员必须遵守《进站须知》，进站车辆必须安装防火帽。站围栏外有合格的防火道，防火道内无油污、无杂草、无杂物。

（4）站内各个功能间要保持通风设施良好，保持泵房、场地照明良好，保持应急照明装置随时可用，保持避雷设施良好。采出水处理站值班室和泵房穿墙管必须密封，泵接线口必须密封。

（5）变频器、电动阀等电器设备拆装、维修时，必须与电源（或变压器）断开，确保变频器断电后维修，同时电源断开处要有明显标识，防止误送电。

（6）结合本站实际制订季节性安全生产措施，按规定配备消防器材、消防工用具和防火砂，并定期检查。采出水处理站防爆区域要使用防爆门窗、不打火地板砖等建筑材料，防爆区域一律使用防爆和隔爆的电器、仪表。

（7）站内严禁烟火，严禁存放轻质油等易燃易爆品；油漆、絮凝剂、助洗剂、杀菌剂等生产用品，要严格按管理规定存放，并有明显的分类标识；强氧化性化学剂与还原性化学剂不能混放。

（8）设备管理要实施定人、定机、定修保的管理措施，严禁设备振动等"带病"状态运行。事故流程要保持在畅通、完好的状态，备用设备具备随时启用条件。

（9）站内的容器、运转设备和管阀配件必须符合相应压力等级规定。电器设备灵活好用，控制屏、控制柜前按电力部门要求等级配备绝缘胶皮，配电柜后设置隔离栅。

（10）站内的油罐、容器、电器设备接地电阻合格，并定期测试；容器呼吸阀、安全阀运行良好，并定期检验；可燃气体报警器完好可靠，达到安全部门的相关要求。

（11）站内无渗漏，维修和维护工作要在有安全措施的条件下实施。采出水沉降罐、外输罐收油及时，存油不超标。排泥池、回收水池护栏完整，严禁非工作人员靠近。

（12）注水站高压注水机组启停操作必须经主管部门同意，严格按照启停泵操作规程操作。启泵前必须申报电力调度，按照电力要求操作。站间流程切换，输液流程调整，必须经上级主管部门批准。严格执行操作令，同时做好岗位相互联系和记录。

（13）各种机泵等运转设备，运转部位要有安全防护罩和安全警示语，操作中要侧身开关阀门。注水站注水机组严禁超设计压力运行，高压部位出现锈蚀点、砂眼点、穿孔点必须立即处理，在未泄压前严禁靠近。定期检验单流阀，确保其灵活性并可应急启动。

（14）化验工严格按操作规程操作，严禁超量存放汽油，严禁超范围使用汽油。化学药剂按规定要求存放和投加，记录齐全。危险化学品存储、使用严格按化学危险品使用管理规定执行。

（15）高空区域的操作平台、爬梯及防护栏必须完好，通道无障碍，并有相应的警示语。五级以上大风、下雪或雷雨天气，严禁上罐检查或高空作业。高空作业时，必须有操作平台，并且安全、平稳、牢固。2m以上作业时，必须戴安全帽、系安全带。

（16）容器内部施工要穿戴防护用具，使用防爆工用具，清淤施工要分组进行，每次每组施工不得超过20min。容器外侧面人孔处由安全负责人看守，每5min安全提示一次。

（17）采出水处理站滤罐内部施工，施工前强制通风24h。采油矿要实施全程安全跟踪监督，施工现场必须经矿安全检测合格后方可进行。施工中，确定过滤罐进出口阀门、反冲洗进出口阀门处于关闭状态，并加装安全标识。

（18）新建、扩建、改造维修项目要制定行之有效的安全措施、连头措施、投产措施。需要切换流程要指定专人倒换和监护；扫线、打压时要严格执行压力等级制度，严禁超压违章操作。站内开展的新工艺、新技术和试验项目实行分级审批，改变工艺流程必须提前申报，具体施工要按设计图纸执行。

（19）站内动火要严格履行三级动火手续。站内严禁吸烟，管线、阀门等设备处理冻堵等事故时，严禁使用明火或电解。建筑施工工地、场内运输和有必要提醒人们注意安全的场所，必须设立禁止标识、警告标识、指令标识和提示标识。

（20）施工单位进站施工，必须申办用水、用电手续等相关手续，按级别申办动火手续。施工过程中，采油矿负责流程监护，负责现场施工条件的检测和鉴定，施工现场设总指挥或施工员一名，负责现场指挥及与施工单位的沟通。

四、生产运行过程中的能耗控制

油田注水开发过程中，注水能耗占总能耗的比例较大。降低注水能耗是注水系统管理的核心任务之一，要通过单机提效、整体控压、局部提压、管网降损等多项措施控制能耗。

1. 机泵能耗高的治理方法

由于机泵内部磨损及腐蚀等原因，会影响注水泵效率。当离心注水泵泵效低于75%、柱塞泵泵效低于85%时，需要及时治理。

1）离心泵叶轮涂膜

离心泵泵效低的一个重要原因就是叶轮摩擦阻力增加了能耗，离心泵运行2年后，这个问题将变得严重。涂膜技术是将泵体内主要的过流机件叶轮、导叶等涂膜抛光，降低磨阻，提高注水泵效率。该方法适用于运行年限长、老化严重的注水泵。

2）燃气轮机直拖注水泵

应用天然气在燃气轮机内燃烧产生的高速气流，带动动力涡轮高速旋转，拖动注水泵运行。该方法具有能耗低、便于维护、运行费用低、可配套常规注水泵等优点，适用于天然气集输困难、注水量大的区块。

2. 泵管压差大的治理方法

泵管压差是指注水泵出口到注水站站内高压分水阀组的压力损失。如果泵的特性曲线与管路的特性曲线不匹配、阀门开度调整不合理，会造成压差偏大，当平均泵管压差超过

0.5MPa 时，需要及时治理。

1）多级离心泵减级

通过对多级离心泵的叶轮进行减级，降低泵扬程，缩小泵管压差，达到节能的目的。该方法成本低、见效快，根据生产运行变化，还可以随时加装叶轮，恢复原生产工况。该方法适用于泵管压差在 1.3~1.5MPa 之间的系统。

2）应用自控系统调整

引入自控技术手段，实现泵管压差的跟踪调整。通过阀前、阀后两个压力变送器，把泵管压差信号传至控制装置，控制装置自动控制电动阀的开度，调整泵管压差，实时控制泵管压差在 0.5MPa 以内。该方法适用于机泵运行稳定、泵管压差相对较小的系统。

3）应用高压变频调节

通过变频调整电动机转速，调节流量、扬程和功率，降低输出功率，缩小泵管压差。该方法适用于注水波动较大且相对独立的注水管网。

3. 干线压力损失大的治理方法

干线压力损失是指注水站站内高压分水阀组到注水干线的压力损失。如果注水半径大、输送距离长，沿程或局部水力损失就大，当平均管网压差达到 1.0MPa 时，需要及时治理。

1）优化运行管网

相邻的多条同水质管网，可加装高压连通管线和阀组，作为一个系统统一调控，通过系统调节管网压力，实现降低管网压降的目的。该方法适用于有多套注水管网的地区。

2）应用非金属管道

利用非金属管道不腐蚀、不结垢、摩阻小等特性，减少管道沿程损失，提高系统效率。在非金属管线使用中，要防止挤压破坏，穿越公路时要加强防护，经常进行流程调整、改造的部位使用金属管线过渡。该方法适用于低洼地势和强腐蚀地域，需配套制订维修管理办法。

4. 支线压力损失大的治理方法

支线压力损失是指注水干线到注水井井口的压力损失。为满足局部区域及部分偏远井的注水压力，通常采取的系统提压方式会导致系统压力偏高，当平均井管压差大于 3.5MPa 时，需要及时治理。

1）实施分压注水

针对不同开发井网注水压力差异大的问题，地面生产管理配套建设分压注水管网，增加高压切断阀组，调整部分单井来水方向，实现依据注水压力重新分组的目标。该方法可避免全系统的高压运行，适用于注水压力差异较大的多套注水井网。

2）实施单井增压

对于启动压力高的少数注水井，可采取如图 8-2 所示的"一井一泵""高压对高压"的二次增压措施。该方法的难点是注水泵的供电，在注水需求量不大、运行时间不长的区域，可以考虑应用临时发电动机组。该措施以相对较低的能耗增加单井注水压力，可避免井组甚至系统高耗运行，适用于边缘或高压井点注水。

3）实施分散注水

针对局部区域的少量注水需求，可采取系统低压供水、注配间使用柱塞泵进行局部升压注水的措施。该措施具有泵效高、单耗低等优势，适用于油田小而分散的注水系统。

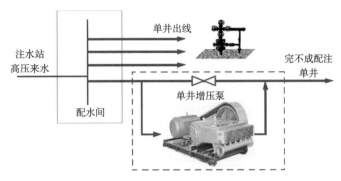

图 8-2 单井增压流程示意图

5. 生产管理的监督考核

严密的制度、完善的措施需要通过监管来落实。大庆油田通过建立制度性的监督管理手段，坚持所有的检查结果与考核评比挂钩，所有发现的问题与治理措施挂钩，有效保障了各项制度与措施的执行。

（1）油田公司每季度组织生产管理现场抽查，每半年组织生产管理现场集中检查，检查结果以通报的形式予以公布，并考核重点问题。

（2）采油厂每月组织生产管理现场检查，每年春季和秋季组织春季检、维护和冬防保温专项检查，检查结果以检查公报和《过程考核》的形式予以公布和考核。

（3）采油矿每月组织生产管理现场检查，检查结果以《月度考核公报》的形式予以公布和考核。

（4）基层站（队）的生产管理干部实行班班到岗，跟班管理；岗位员工每 2h 巡回检查一次；岗位之间实行交接班管理，做到不合格不交班，把存在问题与整改措施落实到岗位和班次。

第三节　采出水回注水质管理

采出水回注工作的重点和难点是保障水质达标。多年来，大庆油田十分重视采出水水质治理工作，针对采出水特性和油田开发需要，建立了一套完善的管理体系、业务流程和治理措施，保证了油层注入水水质达标。

一、水质管理体系

大庆油田的水质管理实行油田公司、采油厂、采油矿、基层站（队）四级管理，各级管理岗位主要职责如下：

1. 油田公司开发部职责

（1）组织编制与注入水水质相关的标准和制度。

（2）核算和下达各采油厂年度水质考核指标。

（3）组织油田注入水水质的日常技术管理工作。

（4）协调解决油田注入水水质存在的问题。

（5）下达油田公司注入水水质现场抽查检测计划，并组织实施。

2. 采油厂油田管理部职责

（1）分解油田公司下达的年度水质指标到采油矿。

（2）监督水质相关标准、制度、管理规定执行情况。

（3）上报各项改善水质的改造、维修、措施工作量。

（4）及时掌握全厂及各采油矿水质变化情况，监督查找水质异常原因，制订整改措施，并组织实施。

3. 采油矿生产办职责

（1）监管水质相关标准、制度和管理规定的执行情况。

（2）组织区域内水量平衡调配，指导基层现场操作。

（3）协调解决水处理过程中的各类异常问题。

（4）监督各项改善水质的改造、维修和措施等项目。

4. 采出水处理站职责

（1）按时巡检水处理设备，完成反冲洗等相关操作。

（2）组织过滤罐等水处理设备日常维护保养，确保运行高效。

（3）检测各环节水质情况，及时调整参数，保障外输水质达标。

（4）及时发现和查找各类水质异常问题，采取有效措施，重大问题及时汇报。

二、水质管理流程

水质管理要建立一套完整的业务流程。通过流程管理，明确相关单位和部门的职责与义务，明确各类问题的处理程序，确保整改效果。

大庆油田在水质管理方面建立的业务流程。责任人涵盖了上至油田公司领导、下至岗位员工，业务管理横向包含油田公司机关相关部室，纵向上囊括研究院、设计院等业务单位，形成一个"闭环"的管理流程。该流程有措施、有方法、有监督、有落实，实现了水质治理的快速见效，值得借鉴。

三、水质治理措施

大庆油田经过多年的实践，摸索出了"水质环节控制管理法"。该方法把提高回注采出水水质作为一个系统统筹考虑，以采出水处理站为中心，上游拓展至油站，下游延伸到注水井口，建立起跨系统的"大治理"模式。该方法把水质管理划分为来水、沉降、过滤、注水站、井管五个管理环节，通过细化管理单元，分解把控指标，保障回注采出水水质达标。

1. 上游来水环节的控制措施

主要做法是提高采出水处理站来水水质，降低采出水含杂量，管控采出水含油。

1）油站卧式容器清淤，控制细菌滋生环境

油站的三相分离器和加热炉每年清淤一次，新建产能区块随时加密，可有效提高三相分离器和加热炉运行质量，保障分离效果，控制放水含杂量和含油量。

2）中转站同步投加破乳剂，加快油水分离

大庆油田建设初期的集油系统主要是中转站和脱水站，其中中转站的主要功能是油、水、气的重力分离，没有加药功能。随着油田开发的深入，中转站来液成分日趋复杂，中转站也需要增加加药工艺，利用药剂助推油水分离，提高脱水站脱水能力，保障采出水处理站来水水质达标。

3）采出水处理站化验来水水质，监督来水质量

采出水处理站每8h化验一次上游来水水质，管理部门不定期地抽查运行情况。

2．采出水处理站沉降环节的控制措施

主要做法是提高采出水沉降罐运行质量，清除污油、污泥及反冲洗过程中拦截的各类杂质，降低过滤罐负荷。

1）控制沉降罐上部浮油

采出水一次沉降罐上部浮油厚度不超过0.5m，二次沉降罐上部浮油厚度不超过0.2m，避免沉降罐在运行过程中因流水搅动造成的出水水质含油超标，保证沉降罐的有效容积。在放水站、脱水站带有保温层的沉降罐上，随时核对界面仪表的准确性，督促收油工作的及时进行，确保出水含油达标。

2）冬季缩短收油周期

沉降罐内伴热管线因为工作环境恶劣，经常出现穿孔。冬季伴热管线出现故障时，浮油易凝固，造成收油困难，需要缩短收油周期保障收油效果，一般要缩短到原周期的二分之一。另外，在沉降罐清淤等施工过程中，要及时检查和更换耐腐蚀的伴热管线来提高收油温度，技术部门也要针对长期服役的老式沉降罐，有针对性地开发经济适用的自动收油装置，提高收油能力。

3）处置收油困难的沉降罐

沉降罐收油不及时，顶部的浮油因为脱水、脱气而凝固，易形成生产管理中所说的"死油"，由于"死油"流动性差，造成收油更加困难。对已经形成"死油"上盖的沉降罐，从罐顶观察孔加入相应比例的破乳剂，通过高温蒸汽车加入高温蒸汽，实施闷罐软化，待上部"死油"能够流动后，用泵从上部抽出，送至老化油处理系统处理，保障沉降罐的有效容积和正常运行。

4）沉降罐排泥措施

在沉降罐的各类改造项目中，优先改造、增加排泥工艺，以延长清淤周期。有排泥工艺的沉降罐，夏季每半个月排泥一次；无排泥工艺的沉降罐每两年清淤一次，确保下部存泥厚度不超过0.8m。

3．采出水处理站过滤环节的控制措施

主要做法是优化过滤罐压差、反冲洗强度等运行参数，强化故障过滤罐的发现与维保，保障水处理核心设备的运行质量。

1）优化过滤罐运行参数

过滤罐出厂时按统一的基本参数设置，在生产现场要针对所处理的采出水进行参数的二次调整。一种有效的方法是以橇装、透明、易开罐的模拟过滤罐与现场过滤罐并联运行，在相同工况下研究现场过滤罐的最佳运行参数，摸索出最佳的滤料膨胀高度、合理的反冲洗时间和强度等参数。

2）建立单罐水质变化曲线

建立单罐水质变化曲线，根据曲线变化及时发现问题、评价过滤罐运行质量。建立来水温度与滤后水质对比曲线，摸索最佳处理温度，尤其是开展常温集输的油田，需要及时

控制采出水低温对过滤罐运行效果的影响。

3）明确过滤罐开罐检查要素

每年实施一次开罐检查，以统计分析的形式，明确每次开罐检查的要素。运行半年的过滤罐重点关注滤料的流失和污染情况，运行 3 年以上的过滤罐重点检查结垢和腐蚀情况，运行 5 年以上的过滤罐要重点关注结构和配件的疲劳程度。针对开罐检查中发现的如筛管大面积结垢、罐体内部腐蚀等趋势性问题，要及时组织专项治理。建立过滤罐运行档案，详细记录过滤罐运行情况，每季度分析过滤效果，做纵向对比和横向对比，掌握过滤罐运行质量，制订滤料更换、筛管除垢等方向性的维保计划。

4. 注水站环节的控制措施

主要做法是保障注水站整体运行平稳，控制采出水增压过程中因缓存、激荡等原因造成的污染，稳定注入水水质。

1）各站水量均衡运行

油田内部整体协调，建设各采油厂之间的采出水调配联络线，综合调配各个开发区块间的采出水用量，避免水量频繁波动对水质的冲击。完善采油厂内各个采出水处理站间的调水管线，实施滤前水和滤后水同水质的综合调整。各个注水站均衡生产，杜绝频繁启停泵，严格控制注水量超范围波动。

2）清除来水缓存罐内的杂质

每年七八月份，借助缓存罐内上部浮油流动性好的特点，对注水站储水罐进行收油，清除缓存罐内再次析出的污油。每年十月份前，通过单罐运行，组织外输水罐和储水罐的清淤，清除储水罐截留的杂质。

3）清除泵前滤砂器的杂质

每季度清洗一次注水泵泵前滤砂器，每次清洗过程中拍摄带有时间的数码照片，对比分析杂质种类和产生周期。来砂量大的注水站，每次清洗后滤网内安装带有时间记录的金属标志牌，监督清洗工作的执行，控制外输高压水的杂质。

4）强化辅助设施的维保

监测物理杀菌装置的运行质量，组织定期维护，及时更换内部耗材，根据处理量及时调整运行数量，确保物理杀菌装置均衡运行。每年组织电子除垢仪、阴极保护等辅助设备的专业检修，控制结垢、腐蚀速度。

5. 注水井井管环节的控制措施

达标水质从采出水处理站到回注地层，要经过管道输送，由于输送距离长，会产生二次污染，需要二次治理。主要做法是注水干线密闭冲洗及注水井水罐车洗井。

1）注水干线按需冲洗

所有注水干线每年冲洗两次，特殊需求和变化随时增加冲洗次数。结合注水干线的布局，制订详细的分段冲洗计划；结合采出水处理站位置，布置接收采出水的储水池，逐步缩短冲洗距离，提高冲洗效果，达到方案、设施、队伍、监督四落实。

2）水罐车连续接收洗井水

制作能够 3 台水罐车同时接收洗井水的回收管汇，实施 3 台以上水罐车同时配合洗井，洗井过程中水罐车更替接收洗井水，保障洗井全过程的连续进行。水罐车接收洗井水管线上加装干式水表，实施 3 个排量变化的规范洗井；水罐车上配装液位仪，接口实施硬连接，保障洗井排量变化下的运行安全。

3）提高采出水回收效率

扩大采出水回收池至 3000m³ 以上，保障有效采出水接收空间，提高采出水接收能力。采出水回收池配套建设标准进车、回车和卸车场地，保证 4 台水罐车同时卸水，确保每台水罐车的卸水时间在 15min 以内。建设采出水连续回收流程，保证储水池内采出水经加药、沉降后合格，采出水及时回收，提高回收池运行效率。

四、水质监测要求

1. 采油厂水质监测点

采油厂水质监测点为全部水源，水处理站（包括水质站、脱氧站、地面污水处理站、采出水处理站），注水站及一定数量的注水井（大庆油田要求每座注水站带 2~4 口注水井）。

2. 采油厂水质监测分析顺序

采油厂对水质的监测分析，应按注水系统水源的流程顺序，对水源、水处理站、注水站和注水井进行取样分析检测。

3. 水质监测时间及分工

大庆油田注入水水质监测时间及分工见表 8-2。

表 8-2　大庆油田注入水水质监测表

项　　目	生产岗位（水源、水处理站、注水站）		采油厂（化验室）		油田公司（研究院、设计院、供水公司）	
	监测次数	时间间隔	监测次数	时间间隔	监测次数	时间间隔
含油量，mg/L	8h 一次	>6h	每月一次	>20d	一年一次	>8 个月
悬浮固体含量，mg/L	8h 一次	>6h	每月一次	>20d	一年一次	>8 个月
悬浮物颗粒直径中值，μm			每季度一次	>2 个月	一年一次	>8 个月
平均腐蚀率，mm/a			一年一次	>8 个月	一年一次	>8 个月
硫酸盐还原菌含量，个/mL			每季度一次	>2 个月	一年一次	>8 个月
腐生菌含量，个/mL			每季度一次	>2 个月	一年一次	>8 个月
铁细菌含量，个/mL			每季度一次	>2 个月	一年一次	>8 个月

在表 8-2 中，生产岗位进行含油量和悬浮固体含量 2 个项目的监测，在水质不合格时要加密监测（每 4h 监测一次）。地下水源水和地面污水不监测含油量，采出水和地面污水混用的也要监测含油量和悬浮固体含量。

参 考 文 献

[1] 王昕. 提高胜利油田注水井生产管理的对策 [J]. 石化技术，2017，(4)：178.

[2] 杨波. 提高注水井管理水平的现场措施 [J]. 油气田地面工程，2009，28 (12)：67-67.

[3] 加内什，等. 油田注水开发综合管理 [M]. 北京：石油工业出版社，2001.

[4] 冯永江，邵红钰，陈俊燕，等. 基于三清一无标准的注水井现场管理 [J]. 油气田地面工程，2008，27 (1)：68-69.

[5] 林孟雄，朱广河，王建华，等. 长庆油田第三采油厂注水系统的管理 [J]. 工业安全与环保，2010，36 (8)：38-40.

第九章　精细分层注水技术展望

据统计，中国石油 80% 的产量来自于注水开发，注水开发技术因油田开发而生，更为油田高效开发而战。纵观油田开发历程，注水开发技术的不断进步，直接推动了中国油田开发水平的提升，油田水驱采收率大幅度提升的背后，其实质是水驱理念及技术的变革，由最初的粗放到精细、再到精准，是六十余年来水驱采收率提升最具代表的缩影。

技术创新是提高油田开发水平的重要手段，要充分发挥先进技术的支撑作用。注重技术创新研究，攻关制约油田开发水平的瓶颈技术，地质油藏工程研究、注水工艺技术、地面水处理技术等要同步推进，努力实现精细注水、有效注水。地下形势的变化，决定了油田开发不仅要"精细"，还要"精准"。随着研究水平、技术手段、综合能力的持续完善、提升，以"注够水、注好水、精细注水、有效注水"为内容的精细注水工作正在向精准开发迈进，只有精准施策，才能把主动权握在手里。地质研究要精准，开发方案要精准，工艺措施要精准，管理手段也要精准（即"四个精准"）。

精细是方法、是手段，精准是落实、是量化。开发从精细到精准，内涵更深、意义更重。准，才能把握住开发的主动权；准，才能驾驭可持续发展的方向。作为采油主业，精准施策，地质研究要精准，开发方案要精准，工艺措施要精准，管理手段也要精准。从"四个精细"到"四个精准"，是老油田水驱采收率持续提升的新动力。

为了实现精准开发，注水工艺正在向数字化、智能化方向发展，各大油田相继进行了可充电式智能注水、可投捞式智能注水及预置电缆智能注水等攻关研究。

第一节　固定可充电式分层注水全过程连续监测和自动控制技术

固定可充电式分层注水全过程连续监测和自动控制技术是将智能配水器随注水管柱下入，在井下长期连续工作，其工艺原理如图 9-1 所示。当注水管柱坐封后，配水器根据预先设定的配注量对注水层段的压力、流量、温度等生产参数进行连续监控和周期自动流量测调，同时形成记录存储在智能配水器内。对历史数据的读取可通过下入前端控制器来实现，该仪器的作用是为地面测试人员与井下智能配水器提供信息传送通道，实现历史记录的上传。地面测试人员还可通过该仪器实现智能配水器流量的人工测调及控制参数的重新定制。智能配注器采用电池组供电，下入智能充电仪可为井下智能配水器补充电能。

一、智能配水器

智能配水器由流量传感器、压力传感器、温度传感器、测控电路板、天线、流量控制阀、电池组、电能转换器次级及机械钢体组成（图 9-2）。流量传感器、压力传感器、温度传感器、测控电路板构成了工作参数采集组件；测控电路板上的水下无线数据传输模

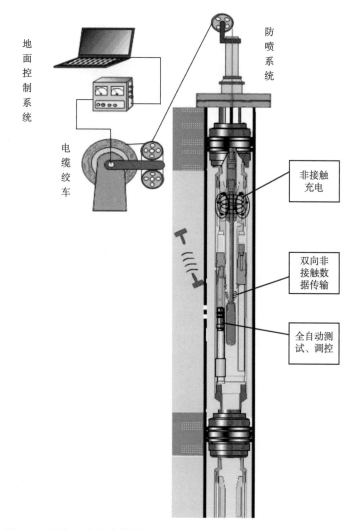

图 9-1　固定可充电式分层注水全过程连续监测和自动控制技术工艺

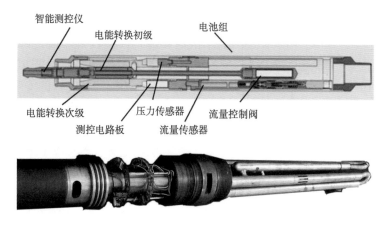

图 9-2　智能配水器整体原理样机

块、天线构成了数据通信组件；流量控制阀采用大扭矩电动机加减速器驱动传动轴总成控制阀芯的开度，实现流量电控调节；电能转换器次级、测控电路板上的电源管理电路、电池组构成电源管理组件；各组件都由测控电路板上的主逻辑处理电路进行统一管理、协调工作。在主逻辑处理电路中智能测调算法的控制下工作参数采集组件和流量电控调节执行组件形成闭环反馈系统，实现分层流量的自动测调。测调周期、监控周期、目标配注量、调配精度等信息记录在主逻辑电路中的存储器内，该数据可通过前端控制器进行修改。当调配周期来临时智能配水器主逻辑电路自动唤醒，按预定的配注量进行流量调配，完成后记录数据并进行休眠状态。当前端控制器到达智能配水器后，配水器重新进入到唤配状态通过无线通信组件接收地面的控制信息，可实现流量人工测调、历史记录上传、调配参数修改等功能。智能配水器样机如图9-2所示。

二、专用压力传感器

压力传感器是工业实践中最为常用的一种传感器。随着半导体技术的发展，半导体压力传感器也应运而生。其特点是体积小、质量轻、准确度高、温度特性好。特别是随着微机电系统（MEMS）技术的发展，半导体传感器向着微型化发展，且其功耗小、可靠性高。基于以上优点，将电阻抗扩散压力传感器作为智能注水测压传感组件。

在选择压力传感器的时候我们要考虑其综合精度，而造成传感器误差的因素主要有以下四个方面：（1）偏移量误差：由于压力传感器在整个压力范围内垂直偏移保持恒定，因此变换器扩散的变化将产生偏移量误差。（2）灵敏度误差：产生误差大小与压力成正比。如果设备的灵敏度高于典型值，灵敏度误差将是压力的递增函数。如果灵敏度低于典型值，那么灵敏度误差将是压力的递减函数；该误差的产生原因在于扩散过程的变化。（3）线性误差：该误差的产生原因在于硅片的物理非线性，但对于带放大器的传感器，还应包括放大器的非线性。线性误差曲线可以是凹形曲线也可以是凸形曲线。（4）滞后误差：在大多数情形中，压力传感器的滞后误差完全可以忽略不计，因为硅片具有很高的机械刚度。一般只需在压力变化很大的情形中考虑滞后误差。

压力传感器的这四个误差是无法避免的，只能选择高精度的生产设备、利用高新技术来降低这些误差，还可以在出厂的时候进行误差校准。通过综合考虑以上因素以及压力数据采集的需要，确定以下选型参数作为压力传感器的安装尺寸如图9-3所示，技术指标如下：

被测介质：气体，液体及蒸气；

供电电源：5~15V（DC）；

综合精度：±0.1%FS；

迟滞：0.02%~0.05%FS；

零点温漂：±0.01%FS/℃；

输出阻抗：1.5~3kΩ；

工作温度：-40~125℃；

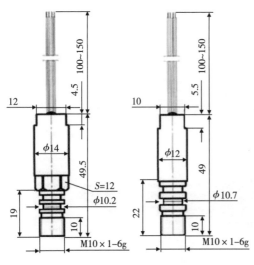

图9-3　压力传感器机械钢体图

连接方式：M10×1 双"O"形圈密封；

接液材料：膜片 17-4PH 过程连接件 1Cr18Ni9Ti；

相对湿度：0~95% RH；

量程：0~60 MPa；

输出：1.2~1.8mV/V；

非线性：0.06%~0.1%FS；

重复性：0.03%~0.06%FS；

灵敏度温漂：±0.02%FS/℃；

绝缘电阻：≥1000 MΩ/100V；

过载能力：200%FS。

通过对标定数据表进行分析可知，压力传感器最大误差发生在 20~30MPa 之间，主要表现为滞后误差。经拟合计算标定方程为：

$$y = 0.00387844164616509\,x - 0.709655867626079 \qquad (9-1)$$

该曲线均方差（RMSE）为 0.0439625844303622，残差平方和（SSE）为 0.0463850119151215，最大系统误差为 0.06%FS，达到设计要求。压力传感器标定曲线如图 9-4 所示，标定数据分析见表 9-1。

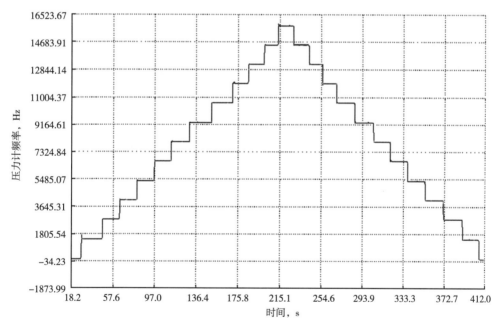

图 9-4　压力传感器标定曲线

表 9-1　标定数据分析表

标准压力，MPa	正行程 AD 值	逆行程 AD 值	AD 差值
0.101	170	170	0
5	1466	1470	4

续表

标准压力，MPa	正行程 AD 值	逆行程 AD 值	AD 差值
10	2759	2765	6
15	4052	4059	7
20	5343	5352	9
25	6633	6642	9
30	7923	7932	9
35	9211	9219	8
40	10498	10506	8
45	11785	11790	5
50	13069	13073	4
55	14352	14355	3
60	15635	15635	0

三、井下专用流量传感器

井下智能配水技术专用小直径涡街流量测试模块是智能注水工艺系统参数采集系统的重要组成部分，为流量控制阀的调节提供瞬时流量数据。智能注水工艺要求将流量测试模块长期放置于井下，对流量数据进行长期监控，工作环境恶劣，工作空间狭小，要求对流量模块的各个组成部分进行优化设计，满足高温、高压条件下的长期流量数据采集。同时要求能够与流量控制阀配套使用，满足智能配水器的设计要求。图 9-5 是井下智能配水技术专用小直径涡街流量测试模块的结构图。

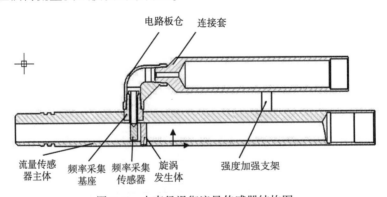

图 9-5　小直径涡街流量传感器结构图

井下专用流量传感器工作原理如图 9-6 所示：涡街流量计由设计在流场中的旋涡发生体、检测探头及相应的电子线路等组成。当流体流经旋涡发生体时，它的两侧就形成了交替变化的两排旋涡，这种旋涡被称为卡门涡街。斯特罗哈尔在卡门涡街理论的基础上又提出了卡门涡街的频率与流体的流速成正比，并给出了频率与流速的关系式：

$$f = St \cdot v/d \qquad (9-2)$$

式中　f——涡街发生频率，Hz；

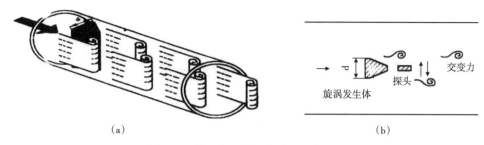

图9-6　井下专用流量传感器工作原理

v——旋涡发生体两侧的平均流速，m/s；

St——斯特罗哈尔系数，常数；

d——旋涡发生体特征宽度，m。

这些交替变化的旋涡就形成了一系列交替变化的负压力，该压力作用在检测探头上，便产生一系列交变电信号，经过前置放大器转换、整形、放大处理后，输出与旋涡同步成正比的脉冲频率信号（或标准信号），具有以下基本特点：

（1）结构简单牢固，无可动部件，长期运行可靠性高。

（2）量程范围宽，量程比可达1:10。

（3）压力损失小，运行费用低，更具节能意义。

（4）应用范围广，液体、气体、蒸汽均可测量。

（5）检定周期长，一般为两年。

（6）在一定雷诺数范围内，输出信号不受被测介质物理性质和组分变化的影响，仪表系数仅与旋涡发生体的形状和尺寸有关，调换配件后一般无须重新标定仪表系数。

（7）输出的是与流量成正比的脉冲信号，无零点漂移，精度高。

（8）检测探头不直接接触被测介质，性能更稳定。

对多支流量传感器进行了多轮实验，单支单次实验结果如图9-7、图9-8、表9-2所示。对大量测量数据的综合分析表明，在最大允许颗粒物粒径3mm的条件下，在流量为 $0.4m^3/h$ 以上时，传感综合精度小于3%且具有较好的重复性。

表9-2　试验数据表

序号	标准表采集数据 m^3/h	流量测试模块采集数据 m^3/h	误差 m^3/h	精度 %
1	4.375	4.4552	0.0802	1.8
2	4.015	4.1238	0.1088	2.7
3	3.445	3.5437	0.0987	2.8
4	2.986	3.0472	0.0612	2.0
5	2.198	2.2542	0.0562	2.6
6	1.949	1.9992	0.0502	2.6
7	1.709	1.7472	0.0382	2.2
8	1.433	1.4682	0.0352	2.5
9	1.214	1.2385	0.0245	2.0
10	0.943	0.9655	0.0225	2.4

续表

序号	标准表采集数据 m³/h	流量测试模块采集数据 m³/h	误差 m³/h	精度 %
11	0.648	0.6643	0.0163	2.5
12	0.522	0.5370	0.0150	2.9
13	0.456	0.4674	0.0114	2.5
14	0.388	0.3992	0.0144	2.8
15	0.327	0.3371	0.0101	3.1
16	0.266	0.2749	0.0089	3.3
17	0.212	0.2198	0.0078	3.6

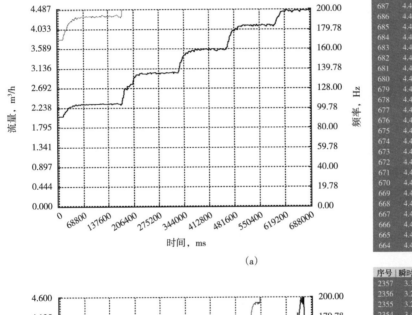

图 9-7　大流量标定曲线

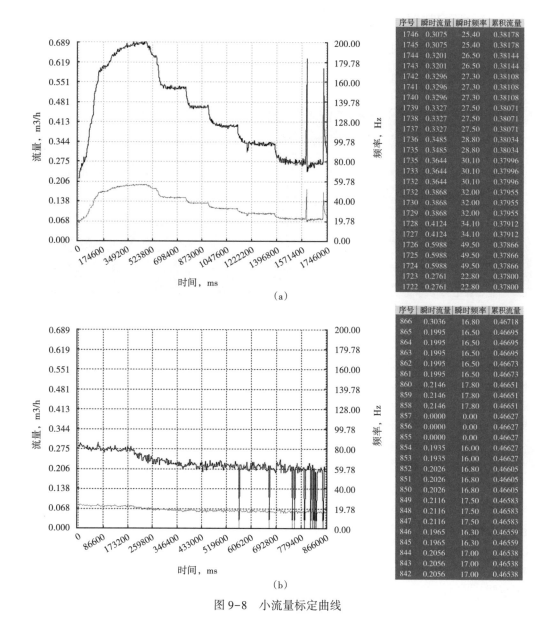

序号	瞬时流量	瞬时频率	累积流量
1746	0.3075	25.40	0.38178
1745	0.3075	25.40	0.38178
1744	0.3201	26.50	0.38144
1743	0.3201	26.50	0.38144
1742	0.3296	27.30	0.38108
1741	0.3296	27.30	0.38108
1740	0.3296	27.30	0.38108
1739	0.3327	27.50	0.38071
1738	0.3327	27.50	0.38071
1737	0.3327	27.50	0.38071
1736	0.3485	28.80	0.38034
1735	0.3485	28.80	0.38034
1733	0.3644	30.10	0.37996
1732	0.3644	30.10	0.37996
1732	0.3868	32.00	0.37955
1730	0.3868	32.00	0.37955
1729	0.3868	32.00	0.37955
1728	0.4124	34.10	0.37912
1727	0.4124	34.10	0.37912
1726	0.5988	49.50	0.37866
1725	0.5988	49.50	0.37866
1724	0.5988	49.50	0.37866
1723	0.2761	22.80	0.37800
1722	0.2761	22.80	0.37800

（a）

序号	瞬时流量	瞬时频率	累积流量
866	0.3036	16.80	0.46718
865	0.1995	16.50	0.46695
864	0.1995	16.50	0.46695
863	0.1995	16.50	0.46695
862	0.1995	16.50	0.46673
861	0.1995	16.50	0.46673
860	0.2146	17.80	0.46651
859	0.2146	17.80	0.46651
858	0.2146	17.80	0.46651
857	0.0000	0.00	0.46627
856	0.0000	0.00	0.46627
855	0.0000	0.00	0.46627
854	0.1935	16.00	0.46627
853	0.1935	16.00	0.46627
852	0.2026	16.80	0.46605
851	0.2026	16.80	0.46605
850	0.2026	16.80	0.46605
849	0.2116	17.50	0.46583
848	0.2116	17.50	0.46583
847	0.2116	17.50	0.46583
846	0.1965	16.30	0.46559
845	0.1965	16.30	0.46559
844	0.2056	17.00	0.46538
843	0.2056	17.00	0.46538
842	0.2056	17.00	0.46538

（b）

图 9-8 小流量标定曲线

四、主测控电路模块

主测控电路模块是智能配水器的信息中心，负责智能注水电磁转换器接收端的电路控制，采用非接触电能转换技术实现电力由智能控制仪向智能配水器的电力传送；主测控电路实现压力、流量、温度工作参数的采集、处理、流量控制算法；流量控制阀驱动电路，实现流量控制阀的开度控制；电源管理电路，实现电池组充电管理，图 9-9 为主测控电路样机。

图 9-9 主测控电路样机

五、前端控制器

地面主机是智能配水技术的中的一个关键环节，它既是数据通信的中转站，又是前端控制器供电的核心模块，同时对前端控制器的工作状态直接进行显示（图9-10）。

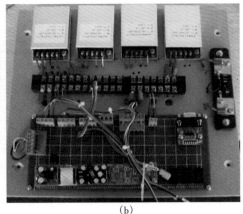

（a）　　　　　　　　　　　　　　（b）

图9-10　地面主机电源系统

为了满足野外作业的恶劣环境和设备运输过程中的颠簸，一般采用9mm的加厚板材，板材表面采用厚度为1mm的拉丝铝作为箱体的制作材料，内部贴4mm厚海绵内衬，箱盖内侧内衬波浪棉，箱体四周采用球角包角，抬箱手把3只、克马锁2只，采用10.0口材直角铝合金骨架，这种特殊工艺制作的主机铝箱体具有防火、防振、高承重的特点，特别适合作为高精密仪器的承载箱体。控制面板采用厚1.5mm的拉丝不锈钢材料，线切割开槽，字体和图标采用腐蚀工艺蚀刻然后填入相应颜色的油漆，最后整体表面清漆保护处理，美观大方且经久耐用。主机和前端控制器之间采用有线二线制长距离通信模块，在单根电缆电阻小于100Ω的情况下试验最长稳定通信距离为3500m。主机和上位机之间的通信预留了无线通信、串行通信、USB通信等三种模式，可以根据情况进行合理选择，实际情况中无线方式比较方便，受到操作者的喜爱。地面主机的电源系统既是自身系统供电，同时又是要为前端控制器提供稳定可靠的电源供电，因此电源系统的设计达到了以下几个主要的性能指标：

（1）宽电压输入范围，适合AC220V供电系统和AC380V供电系统；通过面板上的一个切换开关方便转换。

（2）对输入电源通过600W的环形变压器进行隔离，抗干扰能力强，对现场电动机或者变频器引起的干扰信号进行隔离，特别是在用逆变器供电的场合能够很好地起到净化电源、稳定系统可靠性的作用。

（3）面对复杂的用电环境，电源系统自身具有包括过载保护、防浪涌电路、差模抑制电路、共模抑制电路、过压保护等保护措施。

（4）电源输入和输出采用西门子的交流断路器5SJ62/C16/400和直流断路器5SJ62/MCB/16A/400，可以起到隔离开关和负载开关的作用；对现场操作者的安全也起到保护作用。

（5）设置了交流电压表、直流电压表和直流电流表各1个，用于监控系统的工作状态，通过读取直流电压表和直流电流表的数值可以方便地判断前端控制器的工作状态，同时能够帮助判断电缆接头处是否漏水漏电。

（6）预留了一个备用插座，最大功率100W，主要用于笔记本电脑供电，方便现场使用。

（7）输出电缆接口采用5芯航空插头，全部采用镀金插芯接触，电阻小，安全可靠，其中有2芯用于连接通信电缆，2芯用于连接供电电缆，另外剩下1芯作为备用。

前端控制器的电源模块主要是为控制器内部的几个控制模块提供电能，包括二线制长距离通信模块、无线通信模块、定位爪控制模块、定位电动机。其中定位电动机是12V供电而其动他模块是5V供电的，为了提高系统的稳定性和可靠性，减少电动机运转时对其他模块造成的各种电磁干扰。本电源模块分成了2组供电系统，分别为12V供电系统和5V供电系统。12V供电系统设计输出电流为2A，5V供电系统设计输出电流为1A，完全满足系统供电要求。本模块的输入电源就是地面主机提供的310V直流电源，它具有很宽的电压输入范围以适应由于电缆自身电阻所造成的压降，可以在直流150~350V的范围内正常工作，其电源模块和实物图如图9-11所示。

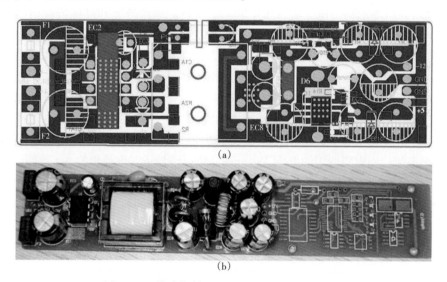

图9-11　前端控制器的电源模块版图和实物图

电磁定位模块主要是为前端控制器从井口下放过程中经过配水器位置时要让井下的配水器得到一个信号，这样就可以在任何时候唤醒智能配水器，使得配水器从休眠状态恢复到等待工作状态，同时打开无线通信模块向前端控制器发送身份信息，通过前端控制器告知地面已经下放到位，然后再进行更进一步的精确定位，其工作过程如图9-12所示。因

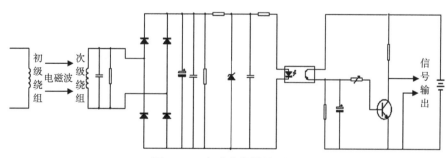

图9-12　电磁定位模块原理图

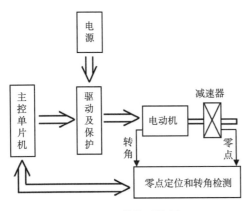

图9-13　模块系统图

此电磁定位模块要达到信号捕捉灵敏度高、抗干扰能力强、不误报、输出波形良好、符合单片机识别等特点。

定位电动机驱动及过载保护模块主要是完成机械定位的功能，电路部分主要包括主控单片机、定位电动机、电动机驱动及过载保护电路、零点和转角检测电路。电源由前端控制器电源模块提供12V/2A的直流电源，其系统框图如图9-13所示。

工作过程：假设主控单片机接收到开爪命令后打开零点定位和转角检测电路略微延时后再发送电动机运行命令，驱动电路接受到电动机运行信号后开启电动机，电动机开始运转，电动机的输出转速和减速器输出的转速比是固定的，当减速器到达零位后通过零点检测电路发出一个零点信号给单片机，单片机接收到零点信号后开始从转角检测电路读取转角计数脉冲并累加计数，当脉冲数累加到预设的开爪数时关闭电动机，开爪动作完成。闭爪动作工作过程相同。在开始工作前要预设开爪和闭爪的脉冲数，这种定位模式可以避免联轴器正反转造成的间隙错位和机械加工工艺的精度不高造成的定位不准。图9-14为定位电动机驱动及保护原理图，当电动机由于异物或者定位爪生锈造成堵转时，电动机电流检测电阻R10上的电流会升高，根据欧姆定律$U=IR$，那么电流检测电阻两端的电压就会升高，将此信号送到单片机的AD转换电路，通过转换成数字后和预设的电流保护值进行比较，当电流达到保护值时单片机输出关闭信号给电动机驱动电路关闭电动机，保护电动机和减速器不受损坏，同时避免电源过载烧毁。

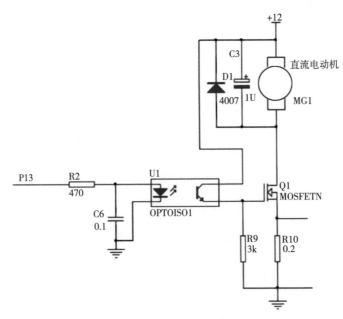

图9-14　定位电动机驱动及保护原理图

零点定位和转角检测工作原理：在减速器的转轴输出端安装一个零点定位板，在联轴器上安装一个定位针，从零点定位板上引线输入到单片机接口，输出轴转动是联轴器上的定位针，在零点定位板上滑动，当定位针转到零点触点的时候将零点触点的电平拉低，U4的发射管导通经过光耦将零点信号传送至单片机完成零点定位，转角检测是通过在电动机的尾部输出端安装红外实现对射管和挡块读取转角信号的，当电动机转动时转动轴上的挡片每周挡住红外光 2 次产生 2 个脉冲信号，经过光耦 U3 将脉冲信号传送到单片机进行转角计数。由于电动机和减速器的转速比是固定的，所以电动机转角检测精度可以达到 180°，经过 1:360 的减速器后得到 0.5°的转角检测误差，完全符合设计要求。图 9-15、图 9-16 为主控板 PCB 图、样机图和转角检测组装图。

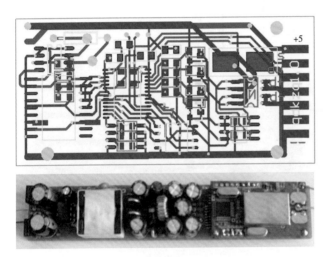

图 9-15 主控板版图及样机图

图 9-16 转角检测组装图

非接触式电能传输装置是利用电磁感应的原理来实现电能传输的，特殊之处在于使用非静止式骨架，在磁路中间隙非常大造成磁阻大，因此有漏磁大，耦合系数小，负载特性差，传输效率低，会发热等问题，主要解决的难题就是效率问题。为了保证安装在前端控制器上的初级组件在井下能够顺利通过装在智能配水器上的次级组件，组件间的磁路间隙达到 5mm，这样不连续的导磁骨架要解决的重点是：骨架的材料及尺寸设计、初次级线圈的感量选择，以及电磁频率的选择，骨架设计原理如图 9-17 所示。

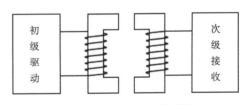

图 9-17 骨架设计原理图

1. 电能转换初级模块

为了提高输出功率，需增大初级电流的幅值和频率。另外由于分离式骨架磁漏较大，为了减小辐射提高效率，初级线圈的电流最好是正弦波，如图 9-18 所示，芯片 GY0553A 产生一个占空比 50%的方波，经过 MOS 管和电容的组合变换后，初级线圈得到一个正弦波电流。在本次设计中根据初级骨架的尺寸和感量，选择 100kHz 的频率。电能转换初级模块实物如图 9-18 所示。

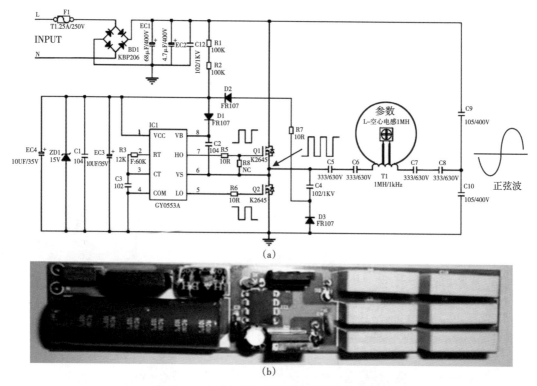

(a)

(b)

图9-18　电能转换初级模块原理图及实物图

2. 电能转换次级模块

次级线圈以及处理电路由线圈、谐波处理电路、整流电路、滤波电路组成（图9-19），电感即线圈，C1、C2起谐波处理作用，D1、D2、D3、D4起整流作用，EC1、EC2起滤波作用。

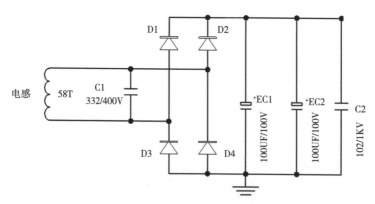

图9-19　次级线圈及处理电路

为了验证该技术方案的可行性，开展了电磁在空气中耦合效果的原理性试验（图9-20）。由于初级组件与次极组件间磁路的间隙大，为了提高转换效率，根据公式必须提高电磁频率，但各种材料都存在磁滞特性因此决定采用空心线圈做一个电能的转换试验：先用塑料骨架绕制了一个初级线圈，由于塑料是不导磁的材料，因此相当于是一个空心的线圈，然后再绕制了一个空心线圈作为次级线圈，并在次级线圈的输出端连接了一个 LED 发光管，用 LED 的亮度来判断接收功率的大小，这就构成了一个小功率电能转换初级模块驱动的初级线圈。

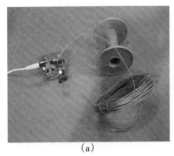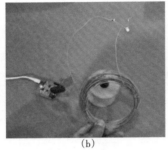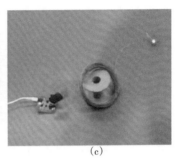

图 9-20　电磁在空气中耦合效果的原理示意图

经过各种频率下的实验得知，在较高的电磁频率下的接收效率较高，同时跟两个线圈的同轴度有关，当线圈完全同轴的情况下效率最高。该试验说明可以采用同轴的空心线圈作为电磁能量传递的桥梁，并且传递效率跟频率有直接的关系。本次实验意味着在实践上取得了初步成功。

经过以上几项试验证明设计方案能够适应智能配水器的特殊结构和使用环境的要求。在小功率的范围内的试验取得成功后，设计了一套符合智能配水器功率要求的大功率电能转换初级和次级模块。考虑到设计余量按 120W 的最大功率输出作为设计标准，其实物及实验装置如图 9-21 所示，电能转换初级和次级模块实物如图 9-22 所示。

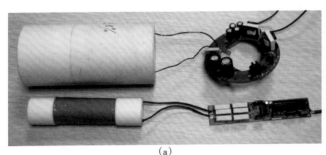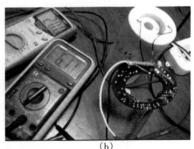

图 9-21　120W 模块实物及实验装置

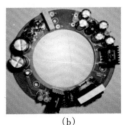

图 9-22　电能转换初级和次级模块实物图

通过测量，实际功率最大能达到 122.2W，完全符合 100W 的实际需求。考虑到初级线圈和次级线圈都是在水中工作的特殊环境，进行了模拟试验，发现在水中工作对电能传输几乎没有影响。

六、室内试验和现场试验

完成了室内充电试验，该试验共进行 5 轮，结果见表 9-3。

表 9-3　室内充电试验

序号	初始状态		结束状态		充电时间
	电压，V	电流，mA	电压，V	电流，mA	h
1	13.9	2300	14.6	0	2.71
2	14.0	2180	14.6	0	2.69
3	13.9	2240	14.6	0	2.70
4	13.9	2260	14.6	0	2.71
5	14.0	2060	14.6	0	2.68

从表 9-3 中数据可以看出次级模块可以为电池组充电模块提供充足的电力支持，最大充电电流为 2300mA，充电时间达到 2.7h 左右，达到了设计要求。在充电过程中充电状态稳定可靠，图 9-23 为其中一组的充电曲线。

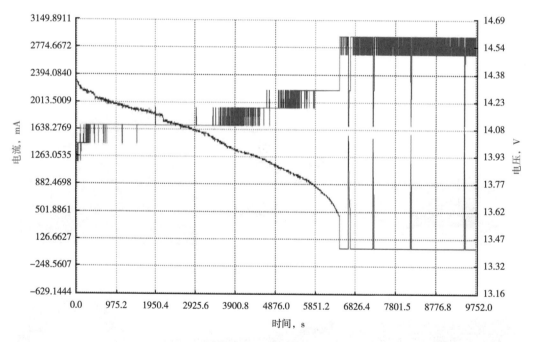

图 9-23　充电曲线

在完成智能配水器和前端控制器样机组装后，在大庆油田分层开采试验室进了智能注水工艺综合模拟试验（图 9-24）。模拟井下入 2 级智能配注器，目标调配流量分别为 $25m^3/d$、$40m^3/d$，自动调配精度设置 10%；在注入压力人为地大幅调整的情况下，自动完成注入量调配，非接触数据传输正常，室内试验取得成功。

图 9-24　智能注水工艺室内模拟试验

在北 3-3-FW54 井进行了先导性现场试验，下入智能配注管柱，共分三个层段配注，下入 3 级智能配注器。地面打压 15MPa，封隔器坐封正常，现场试验初步验证了全自动流量调配的现场适应性，并利用智能测控仪先后进行了 4 次非接触数据传输，均成功读取了井下智能配注器长期监测的数据，同时进行了 2 次非接触充电现场试验，试验曲线如图 9-25 至图 9-28 所示，分别代表在压力长期监测曲线，通过压力计录解释可以确定现场施工状态及地层生产工况下的压力值；反映了流量控制阀在相同开度下注水层段配注量的变化

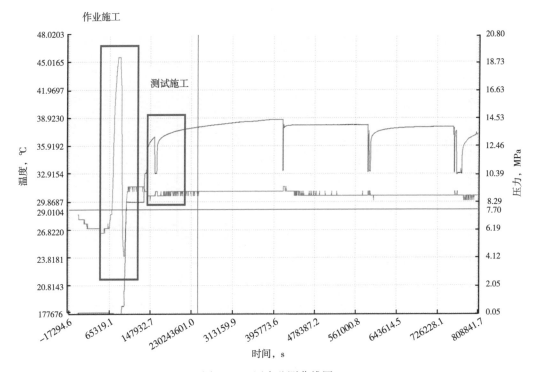

图 9-25　压力监测曲线图

情况；记录了目标配注量重新设定后，自动测调周期前后的层段注入量；记录了智能配水器电池组充电的过程。通过现场试验智能注水器和前端控制器配合，初步实现了智能注水

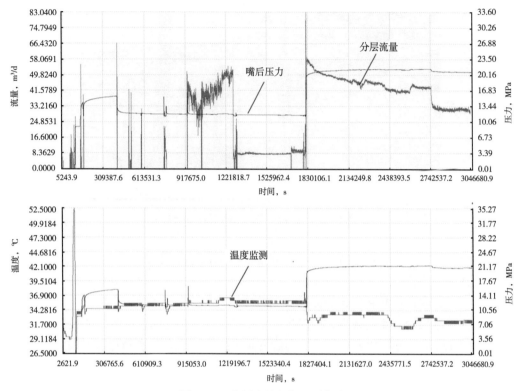

图 9-26　分层流量长期监测曲线

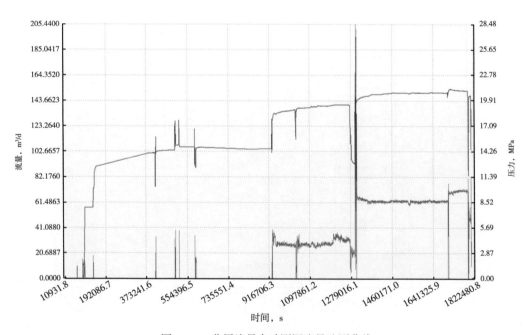

图 9-27　分层流量自动测调流量监测曲线

工艺所要求的生产数据长期监控、流量自动测调、历史数据上传、电池组充电等功能，并达到了设计要求。

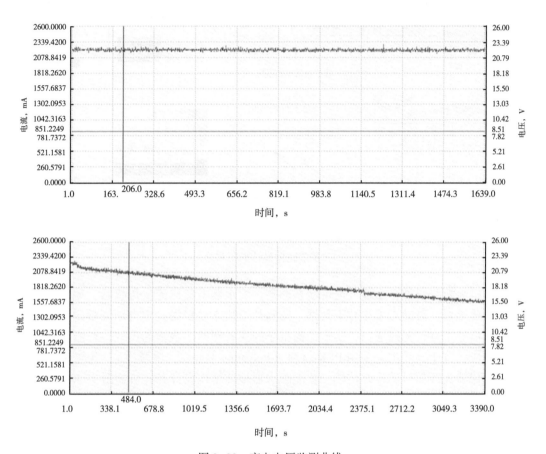

图 9-28　充电电压监测曲线

第二节　偏心可投捞式分层注水全过程连续监测和自动控制技术

偏心可投捞式分层注水全过程连续监测和自动控制技术的主要工作原理是：智能配水器长期工作于井下，完成注水量的控制与调整，井下温度、压力参数的测量与存储，以及同步测调等任务。当需要与井下配水器进行通信时，施工车辆通过电缆下入通信短节，通信短节与各配水器之间进行无线通信，完成智能配水器数据读取及指令输入。若智能配水器电池电量耗尽或配水器出现故障，可下入力感定位投捞工具，对任意一层配水器进行打捞，更新配水器后再投入到相应层，系统整体设计框图和施工工艺如图 9-29 所示。

一、智能配水器

智能配水器由机械部分及电池、无线通信模块、控制电路、减速电动机、平面水嘴、压力传感器和流量传感器等组成，整体设计方案如图 9-30 所示。系统以电池作为调控电

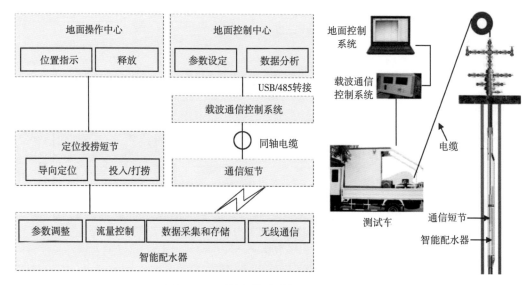

图 9-29　系统整体设计框图和施工工艺

源，电动机为执行器件，水嘴开度可动态调整，配水器上集成流量传感器、嘴后压力传感器和温度传感器，可动态采集井下数据，监测井下状态并根据设定自动调整注水量。通过天线与通信短节进行无线通信，实现地面指令的注入和井下数据的读取。智能配水器壳体由刚体制成，其中天线部分采用 PEK 材料（Polyether ketone，聚醚酮），既能保持整体刚性，又能保障无线信号的良好传输。智能配水器整体结构设计和样机如图 9-30 所示。

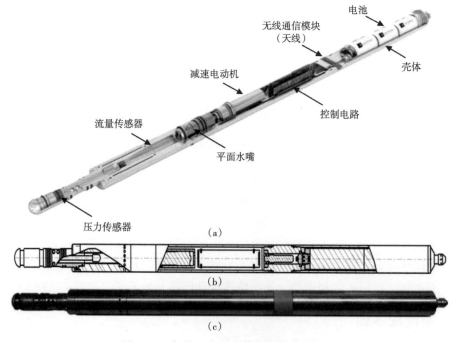

图 9-30　智能配水器整体结构设计和样机

主要技术参数见表9-4。

表 9-4　智能配水器技术参数

参数类型	参数指标
外形尺寸	ϕ40mm×822mm
电池容量	12V/17A
电池温度范围	−20~93℃
接口尺寸	ϕ22mm
压力范围	0~40MPa

智能配水器由电池供电，供电电压 12V，具备控制、存储、通信、驱动等功能，加工完成的配水器控制电路如图 9-31 所示，经过测试，该电路所有设计功能工作正常。配水器控制板的外围电路主要包括流量传感器单元、压力传感器、水嘴开度传感器和无线通信模块等，经测试如图 9-32 所示，配水器和这些外围电路能够正常、稳定地进行数据传输。智能配水器电路通过 485 接口和计算机通信，完成传感器标定数据的导入和导出。

图 9-31　智能配水器控制电路

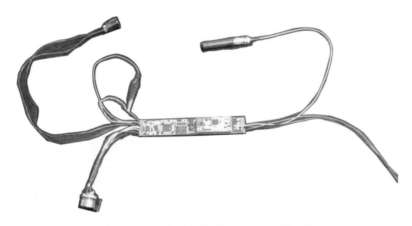

图 9-32　智能配水器控制电路板和测试图

二、平面水嘴

水嘴是井下调节流量的关键部件，由于平面水嘴抗污染能力强，控制方式简单，并且能够完全关闭，漏失量小，因此，智能配水器采用了平面水嘴，其结构和样品如图 9-33 所示。

该平面水嘴以高纯度 Al_2O_3 陶瓷为原材料，采用高精度模压技术制成，形状简单，具

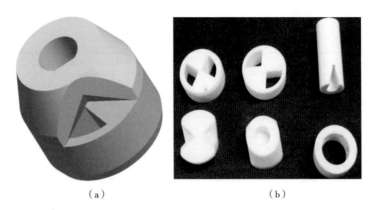

（a） （b）

图 9-33 平面水嘴结构和样品

有自清洁能力，流道为环形空间，不易结垢和堵塞。由于该平面水嘴能够完全关闭，因此除了满足注水流量调整需要，还能够配合实现验封作业。该水嘴的参数见表 9-5。

表 9-5 平面水嘴的技术参数

参数类型	参数指标
阀芯外径	ϕ18mm
等效通径	ϕ9mm
耐压	40MPa
水流方向	侧进下出

与传统的轴向水嘴相比，平面水嘴具有较大的摩擦阻力，为了满足平面水嘴调整的扭矩需求，研制了低速大扭矩电动机（图 9-34）。该电动机经过两级减速，减速比达 54000，最大输出扭矩 15N·m，输入电流 100mA，配合流量传感器能够准确控制水嘴开度，满足了高精度流量自动控制的需要。

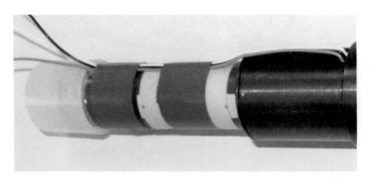

图 9-34 低速大扭矩电动机

三、新型杠杆式流量传感器

为了满足流量测量低功耗、小尺寸的要求，开发了新型杠杆式流量传感器，其采用了电涡流位移传感器，将流量信号转变为位移信号，实现流量测量。电涡流位移传感器能测量被测体（必须是金属导体）与探头端面的相对位置。由于其长期工作可靠性好、灵敏度高、抗干扰能力强、非接触测量、响应速度快、不受油水等介质的影响，常被用于对大型旋转机械的轴位移、轴振动、轴转速等参数进行长期实时监测，可以分析出设备的工作状况和故障原因，有效地对设备进行保护及预测性维修，传感器的系统工作机理是利用电涡流效应测量位移，根据位移与流量的对应关系求取流量。

杠杆式流量传感器设计了探杆和转移杆，将水流对探头的冲击转变为位移，满足了电涡流位移传感器的测量条件，其结构和原理样机如图9-35所示，主要包括取样器、探杆、转移杆、探头和电涡流传感器等部件。杠杆式流量传感器的工作原理为：水经过取样器后，在取样器入口段和侧面产生压差，连同水流动能一起推动取样器斜面使探杆产生偏转，经转移杆传递到探头，电涡流传感器检测探头偏转量，其大小与流量成正比。

该流量传感器具有结构小巧、抗干扰能力强、低功耗、范围宽等优点，其主要结构参数见表9-6。

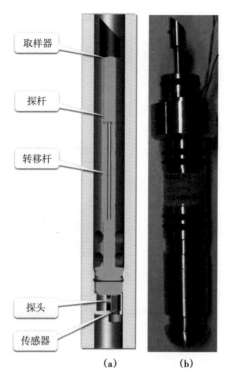

图9-35　杠杆式流量传感器结构示意图和原理样机

表9-6　杠杆式流量传感器技术参数

参数类型	参数指标
通径	ϕ12mm
流量范围	$1\sim10\text{m}^3/\text{h}$
耐压	45MPa
理论测量精度	3%（$1\sim10\text{m}^3/\text{h}$）
最大工作电流	4mA

为了检测杠杆式流量计的性能，对其进行了地面综合试验，实验条件如图9-36所示。由离心泵产生水流动，模拟工况流量范围为$0\sim5\text{m}^3/\text{h}$，以涡轮流量计为标准表，流量测量精度为0.5%，流量测量范围为$1\sim10\text{m}^3/\text{h}$。

对多支传感器分别进行了多轮实验，单支单次实验结果如图9-37所示。对大量测量数据的综合分析表明，在最大允许颗粒物粒径3mm的条件下，在流量为$2\text{m}^3/\text{h}$以上时，杠杆式流量计具有与涡轮流量计相近的测量精度，相对误差小于0.6%；流量为$1\sim2\text{m}^3/\text{h}$时重复精度较差，最大误差达到25%，并且由于加工精度问题，不同流量计差异较大，需进行单独标定。

根据理论分析，为了提高测量精度，可增大取样器尺寸，拓宽小流量测量下限和测量精度。

图 9-36　地面综合实验条件

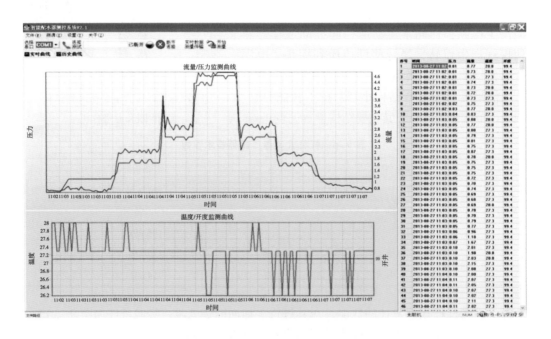

图 9-37　地面综合实验测量数据

四、压力传感器

压力传感器采用 MicroSensor 系列压力传感器，并利用外接电阻为敏感芯片的电桥电路进行零点和温度漂移补偿，传感器和补偿电路如图 9-38 所示。该传感器具有体积小、工作稳定等特点，耐压 70MPa，外径为 10.5mm。

为了提高传感器精度，通过大量实测数据对传感器进行软件补偿，将传感器精度提高至 5‰，开展的传感器实验补偿数据见表 9-7 至表 9-9（传感器编号：3014），实验供电电流 300μA。

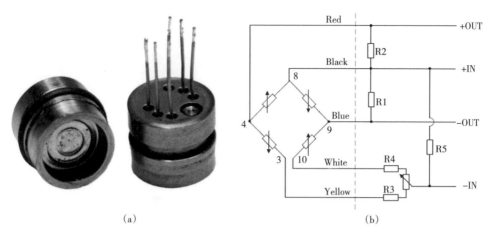

（a）　　　　　　　　　　　　　（b）

图 9-38　压力传感器及其补偿电路

表 9-7　软件补偿数据（试验温度：26℃）

标准压力 MPa	第一次		第二次		第三次		平均值		拟合值
	上行 mV	下行 mV	上行 mV	下行 mV	上行 mV	下行 mV	上行 mV	下行 mV	
0	0.01	0.01	0.01	0.01	0.01	0.01	0.01	0.01	0.010
5	4.23	4.23	4.23	4.23	4.23	4.23	4.23	4.23	4.254
10	8.44	8.44	8.44	8.45	8.44	8.45	8.44	8.446	8.498
15	12.67	12.66	12.65	12.67	12.66	12.66	12.66	12.663	12.742
20	16.91	16.9	16.89	16.9	16.9	16.9	16.9	16.9	16.986
25	21.15	21.15	21.15	21.15	21.15	21.15	21.15	21.15	21.231
30	25.41	25.41	25.41	25.41	25.41	25.41	25.41	25.41	25.475
35	29.68	29.68	29.68	29.68	29.68	29.68	29.68	29.68	29.719
40	33.97		33.96		33.96		33.963		33.963

表 9-8　软件补偿数据（试验温度：60℃）

标准压力 MPa	第一次		第二次		第三次		平均值		拟合值
	上行 mV	下行 mV	上行 mV	下行 mV	上行 mV	下行 mV	上行 mV	下行 mV	
0	0.01	0.01	0.01	0.01	0.01	0.02	0.01	0.013	0.010
5	4.25	4.25	4.24	4.24	4.24	4.24	4.243	4.243	4.266
10	8.47	8.47	8.47	8.47	8.47	8.47	8.47	8.47	8.522
15	12.7	12.7	12.69	12.7	12.7	12.7	12.696	12.7	12.778
20	16.95	16.96	16.95	16.95	16.95	16.94	16.95	16.95	17.034
25	21.21	21.22	21.22	21.22	21.22	21.21	21.216	21.22	21.289
30	25.49	25.49	25.49	25.49	25.49	25.49	25.49	25.49	25.545
35	29.77	29.77	29.77	29.76	29.77	29.77	29.77	29.766	29.801
40	34.06		34.06		34.05		34.056		34.057

表 9-9　软件补偿数据（试验温度：80℃）

标准压力 MPa	第一次		第二次		第三次		平均值		拟合值
	上行 mV	下行 mV	上行 mV	下行 mV	上行 mV	下行 mV	上行 mV	下行 mV	
0	0.01	0.01	0.01	0.01	0.01	0.02	0.01	0.013	0.010
5	4.25	4.25	4.25	4.25	4.25	4.25	4.25	4.25	4.282
10	8.5	8.5	8.5	8.5	8.5	8.49	8.5	8.496	8.554
15	12.75	12.75	12.75	12.75	12.75	12.75	12.75	12.75	12.826
20	17.02	17.02	17.01	17.02	17.01	17.01	17.013	17.016	17.098
25	21.29	21.29	21.29	21.29	21.29	21.29	21.29	21.29	21.370
30	25.58	25.58	25.58	25.58	25.58	25.58	25.58	25.58	25.642
35	29.88	29.88	29.88	29.88	29.88	29.88	29.88	29.88	29.914

五、投捞工具

为了实现任意层段智能配水器的投入和打捞，设计了力感定位投捞工具，其机械设计如图 9-39 所示，其中图（a）为开启状态，图（b）为闭合状态，并试制了如图 9-40 所示的投捞工具样机。

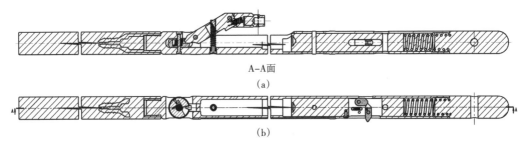

A—A面

（a）

（b）

图 9-39　投捞工具机械结构

图 9-40　投捞工具样机

投入配水器时，首先将力感定位投捞工具下入到目标层段下方，然后再上提，投捞工具的凸轮结构将沿偏心配水管柱的导向槽转动，将投捞工具打开方向对准偏心管柱的偏心方向，实现导向。导向完成后，凸轮机构的凸台和偏心管柱的凸槽卡住，当上提力达到某一阈值时，投捞工具的活动部分将解锁，继续将投捞工具和智能配水器上提，到偏心工作筒位置时，智能配水器被弹出，此时再次下放投捞工具，智能配水器将被投入到卡座中并卡死，然后上提投捞工具，将连接投捞工具和智能配水器的固定销子剪断，提出投捞工具，完成投入。

打捞配水器时，投捞工具完成导向定位、解锁、弹出等工艺后，打捞头将智能配水器抓取并解锁，将智能配水器捞出。

投入或打捞时，投捞工具的主体结构不变，只需更换投入工具或打捞头即可。

实验证明，投捞工具的投捞力在 200~400N 范围内可调，能够实现智能配水器的投捞，完成配水器系统维护、升级和故障处理等工作，从而延长系统寿命。

六、通信短节

通信短节能够完成指令输入和数据传输等工作，其机械机构设计和样机如图 9-41 所示。可投捞式智能分层工艺采用了接力通信实现地面和井下的数据传输，通信短节起到了桥梁作用。通信短节通过电缆与地面控制中心相连，并通过电缆调制方式同时实现通信短节的供电和双向通信，同时，通信短节以无线方式和智能配水器通信，完成地面指令的下达及上传智能配水器测量数据。

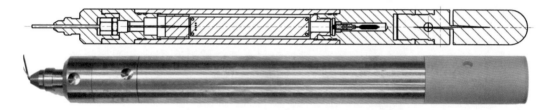

图 9-41　通信短节机械结构和通信短节样机

通信短节电路板如图 9-42 所示，该电路已通过详细功能测试。

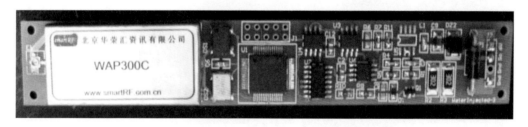

图 9-42　通信短节电路原理图和电路板

通信短节与智能配水器无线通信的介质为水，由于电磁波在水中存在较大的衰减，为了保证无线通信的可靠性，对无线通信距离进行了试验验证，实验数据见表 9-10，测试现场如图 9-43 所示。

表 9-10　通信短节在水介质中的通信距离实验

通信距离，cm	通信状态
0	成功
10	成功
20	成功

续表

通信距离，cm	通信状态
30	成功
40	成功
50	成功
60	成功
70	成功
80	成功
90	成功
100	失败
110	失败

图9-43　通信短节无线通信距离测试

经过往复多次试验，通信短节和智能配水器在水介质中进行无线通信时，通信距离最大为0.9m，在此范围内，两者可正常双向通信；当通信距离超过0.9m时，通信中断。

七、地面控制系统

地面控制系统能够顺利完成和通信短节的双向通信，通过 USB 与电脑连接，将数据传输到计算机进行处理和分析，地面控制中心样机如图9-44所示。

八、偏心配水管柱

为了不占用中心通道，采用了偏心配水的设计方案。偏心配水管柱的技术参数见表9-11，其结构和实物如图9-45所示，能够满足 ϕ40mm 配水器投捞要求，结构图中显示了投捞时智能配水器和投捞工具在偏心管柱中的相对位置。偏心配水管柱的偏心位置为智能配水器工作仓，下方安装有导向器，当投捞工具投入或打捞

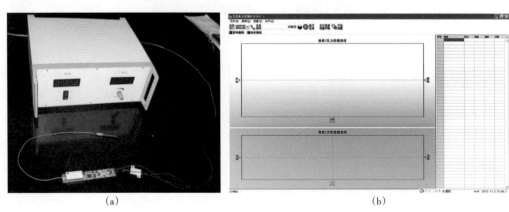

　　　　　　　（a）　　　　　　　　　　　　　　　　（b）

图9-44　地面控制中心样机和智能配水器测控系统

时，可将投捞工具弹出方向对准偏心位置，在偏心的中段位置安装有智能配水器锁死装置，将配水器固定在准确位置。

表 9-11 偏心配水管柱技术参数

参数类型	参数指标
尺寸	$\phi114.3mm×1886mm$
质量	81kg
接口尺寸	2 7/8 inTBG
中心通径	$\phi46mm$
偏心通径	$\phi26mm$

图 9-45 偏心配水管柱结构和安装图

第三节 预置电缆式分层注水全过程 实时监测和自动控制技术

一、预置电缆式分层注水全过程实时监测和自动控制技术工艺原理

预置电缆分层注水技术主要是针对中国油田开发后期，对重点井、重点区块及海油注水井实施多层段实时监测与控制的一种分注工艺，相当于植入井下的"眼睛"和"手"，可实时、长期地获取井下工艺参数和实时调整注入量。

预置电缆全过程实时监测分层注水工艺工程实施如图 9-46 所示，将多信息测试与流

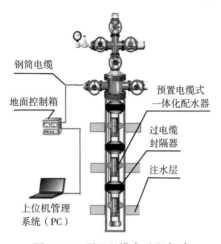

图 9-46 预置电缆全过程实时
监测分层注水工艺原理

量控制结合成统一整体长期置于井下，预置电缆随管柱下入，应用单芯钢管电缆及载波传输技术实现井下测试装置与地面控制主机通信，可同步控制多级井下测试装置进行数据监测和流量调配，对各层段注入压力、流量和温度进行实时监测及堵塞器开度控制，实现全自动分层调配及参数监测。其优势为数据量、调配周期和通信不受施工和环境的限制，通过动力电缆增大电动机的驱动能力以便处理遇堵问题，该工艺更加有利于保障注水合格率和辅助油藏分析。

预置电缆分层注水技术由预置电缆式一体化配水器、过电缆封隔器、地面控制箱、上位机管理系统（PC）和钢管电缆、电缆卡子等辅助部分组成。

1. 预置电缆式一体化配水器

实现配注工艺数据终端采集（包括温度、流量、压力）和流量闭环控制，通过钢管电缆与地面控制箱通信，接收地面控制指令及数据回传。

2. 过电缆封隔器

不占用主通道，实现钢管电缆的预置，封隔器侧腔留出预置电缆空间，施工时将电缆先预置在腔内再通过水下高压单芯电缆接头对接。

3. 地面控制箱

发送同步测调指令和存储回传数据，并通过钢筒电缆为井下配水器提供动力电。该系统工作时，进行自定义周期闭环测调及调配工艺数据回传存储，无需人工参与；当根据地质要求更改各层注入量时，可通过上位机管理系统进行重新设定。

4. 上位机管理系统（PC）

实现发送参数设置、接收回传数据和分析图表并保存数据等功能。

二、预置电缆式一体化配水器

预置电缆式一体化配水器采用桥式偏心结构设计配水管柱，进行偏心流量调配，其结构如图 9-47 所示，包含桥式上接头、下接头（实现油管连接）、三套总成（调节总成、流量总成和压力总成）及外套钢体。

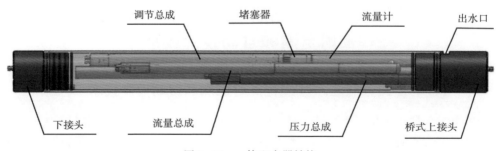

图 9-47 一体配水器结构

一体化配水器空间效果如图 9-48 所示，对应上文所述的桥式上接头、压力总成、流量总成、调节总成和下接头。上接头采用桥式结构，图中桥式上接头分别用三个工位表达，工位 1 为表达注入嘴后导压孔的空间位置及与压力总成的连接结构，工位 2 为上接头和流量总成的对应连接结构，工位 3 为上接头与调节总成的对应连接结构及钢管电缆过上接头的方式。图中带有箭头指示线为一体化配水器内注水流道，单层注入液通过桥式上接头的中心通道流入一体化配水器内部腔体，再通过流量总成下端的入水口进入涡街流量计通道，经涡街发生体及应变片传感器后回流给桥式上接头，成为一种倒灌的通道，桥式上接头设计为 U 形管的流道结构，再通过嵌入到桥式上接头的堵塞器（陶瓷水嘴）注入到单层油层。通过配注的倒灌通道和桥式上接头 U 形管流道实现流量计前后流场的稳定，通过涡街流量计实现单层注入流量的检测。图中压力总成包含两路

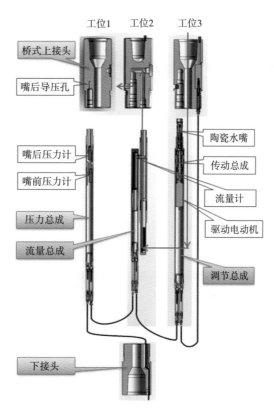

图 9-48 一体化配水器空间效果

压力传感器，实现堵塞器嘴前压力、嘴后压力（对应为中心通道压力、地层压力）的采集，堵塞器嘴前压力即一体化配水器钢体腔内的压力，导压孔设置在压力总成钢体上；堵塞器嘴后压力导压孔设置在桥式上接头钢体上，压力总成通过螺纹与桥式上接头连接，内置了导压通道，即实现了堵塞器嘴后压力测试。

调节总成钢体上内置了驱动电动机、传动总成和堵塞器（陶瓷水嘴），利用流量计单层流量检测信号作为判断依据，通过驱动电动机控制堵塞器的开口度实现单层配注量的调节。

预置电缆式分层注水工艺中井下一体化配水器的装配方式为：压力总成、流量总成及电动机驱动调节总成通过螺纹连接固定在桥式上接头上，桥式上接头与外套钢体通过螺纹连接，外套钢体的另一侧再与下接头连接，构成井下一体化配水器的整体钢体结构。

1. 电动机驱动调节总成结构设计

目前分层注水工艺主体工艺为桥式偏心高效测调和桥式同心高效测调技术，但其核心的单层注入调配相同，都为偏心堵塞器的调节，前者利用井下测调仪的支臂与堵塞器对接后通过电动机驱动实现堵塞器开度的调整；后者为同心对接，测调仪钢体主体回旋运动，带动堵塞器上小齿轮运动并转化为陶瓷水嘴内芯上下移动，实现开口度的调节。因此借鉴了这一堵塞器调节结构，具体如图 9-49 所示，调节总成设计为电气连接、控制系统、驱动电动机、传动总成和陶瓷水嘴等环节。

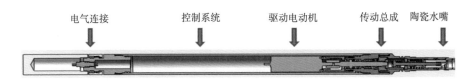

图 9-49　电动机驱动调节总成结构

　　下图 9-50 为电动机驱动调节驱动结构及传动原理，既要满足高压动密封，又要实现低扭矩的驱动要求，同时设置陶瓷水嘴全关状态下压力的平衡结构。该环节具体部件包括电动机防转器、连轴器、传动轴、电动机支架、控制阀主体、从动轴、静阀连接套、静阀挡圈、静阀阀芯及组件、动阀芯及组件、弹簧、防转支架、主动丝杠、丝杠支架、轴承组件、固定套、电动机仓外套、电动机等。

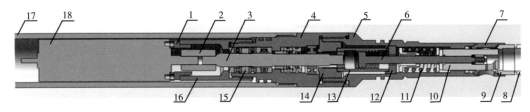

图 9-50　电动机驱动调节驱动原理

1—电动机防转器；2—连轴器；3—传动轴；4—电动机支架；5—控制阀主体；6—从动轴；7—静阀连接套；
8—静阀挡圈；9—静阀芯及组件；10—动阀芯及组件；11—弹簧；12—防转支架；13—主动丝杠；
14—丝杠支架；15—轴承组件；16—固定套；17—电动机仓外套；18—电动机

　　电动机驱动调节总成工作原理如下：通过流量计反馈回流量信号为判断依据，进行陶瓷水嘴开口度大小调节。堵塞器壳体内有金属从动传动轴，电动机通过联轴器、传动轴拖动主动丝杠做回旋运动，主动丝杠与从动转动轴配合将回旋运动转化为直线运动，调节开口度；堵塞器内置一套调节复位弹簧，实现左右两端端部运动的复位，即实现反转后螺纹的咬合；陶瓷动阀芯中间开有台阶通孔，与金属传动螺杆配合连接成为一体；陶瓷动阀芯设计了 V 形流通口，陶瓷静阀芯镶嵌到静阀连接套上，静阀连接套的内孔是设计为带台阶的通孔，用于固定陶瓷静阀芯，陶瓷静阀芯内孔与陶瓷动阀芯的外圆周小间隙配合，陶瓷动阀芯 V 形流通口的底部与陶瓷静阀芯内孔壁在轴向上左右进退配合。当需要改变高压注水阀的流量时，电动机通过联轴器及传动轴驱动主动丝杠，主动丝杠的螺纹体部分与壳体内孔上相应螺纹配合的从动轴做螺纹运动，导致从动轴带动陶瓷动阀芯作轴向运动，以便使陶瓷动阀芯的 V 形流通口从底部开始脱离或推进与陶瓷静阀芯的内孔密封配合面的距离，当陶瓷动阀芯从左端推进到最右边底端时，实现注水阀的关闭，漏失量为最小；当陶瓷动阀芯的 V 形开口从底部开始脱离陶瓷静阀芯的内孔向左端距离最大时，阀全开，流量为最大；从陶瓷动阀芯关闭到陶瓷动阀芯向左端远离陶瓷静阀芯的内孔密封面，轴向距离的逐步推远或向右端的逐步推近，就可调节陶瓷阀芯的开口流量相对陶瓷静阀芯密封面的大小，由此可以方便地调节高压注水阀的流量。

　　在调节总成中，采用高精度陶瓷堵塞器（水嘴）（图 9-51），陶瓷水嘴是井下调节流量的关键部件。选用高密度氧化锆陶瓷为原材料，以提高堵塞器强度和寿命，采用高精度模压技术，制作出原始元件后再二次加工打磨形成定型的陶瓷，所设计的动、静阀芯接触面直径为φ14mm，长度为20mm，调节行程为15mm/7.5r。系统中采用微型永磁同步电动机作为执行驱动部件，选用一种低速高扭矩减速电动机组件，满足井下空间体积小、输出大扭矩这一工程要求，驱动电动机外径为φ28mm，驱动电压为12V，额定电流为2A，最大输出扭矩为3 N·m，电动机输出转速为1.5 r/min，执行电动机如图9-52所示。

图9-51　陶瓷水嘴　　　　　　　　　图9-52　执行电动机

2. 流量检测总成结构设计

1）流量传感器的设计

流量检测一直是分层注水工艺的核心工艺环节，从最初的地面测试到如今的边测边调工艺，都离不开流量的测试；井下测试也从存储式发展到直读式；从测试方式上也存在集流（单层段）和非集流（递减计算）方式等。但目前还未见长期置于井下的相关单层流量监测技术。

注水井井下流量检测所用传感器主要有差压式流量计、浮子流量计、涡轮流量计、电磁流量计、超声流量计和涡街流量计等。考虑到可靠性、成本、功耗及工艺流程设计等相关因素，现基于涡街流量计原理设计并开发了一种适用于井下环境的涡街流量计。

涡街流量计基本原理为：在特定的流动条件下，一部分流体动能转化为流体振动，其振动频率与流速（流量）有确定的比例关系，依据这种原理工作的流量计称为流体振动流量计。涡街流量计为此原理下产生的一种流量计，也是一种速度型流量计。

世界上最早研究涡街现象的是匈牙利物理学家斯特劳哈尔（Strouhal），首次发现了旋涡分离频率正比于相对流速。1912年，德国科学家冯·卡曼（Von. Karman）从数学上证明阻流体下游旋涡列的稳定条件，这种稳定的旋涡列被称为卡曼涡街。涡街流量计就是依据卡曼涡街原理，用垂直插入流体中的非流线型阻流体产生旋涡分离，应用各种检测技术（如热敏、超声、电容、应变、光电等）测量旋涡频率，实现流量测量。即把一个非流线型阻流体垂直插入管道中，随着流体绕过阻流体流动，产生附面层分离现象，形成有规则的旋涡列，左右两侧旋涡的旋转方向相反（图9-53）。这种旋涡称为卡曼涡街，依据卡曼的研究，涡列多数是不稳定的，只有形成相互交替的内旋的两排涡列，且涡列宽度h与同列相邻的两旋涡的间距l之比满足$h/l=0.281$（对圆柱形旋涡发生体）时，涡列才稳定。设旋涡的发生频率为f，被测流体的平均流速为U，旋涡发生体迎面宽度为d，表体通径为D，根据卡曼涡街原理，有如下关系式：

$$f = Sr\frac{U_1}{d} = Sr\frac{U}{md} \tag{9-3}$$

式中　U_1——旋涡发生体两侧平均流速，m/s；

　　　Sr——斯特劳哈尔数；

　　　m——旋涡发生体两侧弓形面积与管道横截面面积之比，$m = 1 - \dfrac{2}{\pi}\left[\dfrac{d}{D}\sqrt{1 - \left(\dfrac{d^2}{D}\right)} + \arcsin\dfrac{d}{D}\right]$。

管道内体积流量 q_V 为：

$$q_V = \frac{\pi}{4}D^2 U = \frac{\pi D^2}{4Sr}mdf \tag{9-4}$$

$$K = \frac{f}{q_V} = \left[\frac{\pi D^2}{4Sr}md\right]^{-1} \tag{9-5}$$

式中　K——流量计的仪表系数，脉冲数/m^3。

K 除与旋涡发生体、管道的几何尺寸有关外，还有斯特劳哈尔数有关。斯特劳哈尔数为无量纲参数，它与旋涡发生体形状及雷诺数有关，在 $Re_D = 2\times10^4 \sim 7\times10^6$ 范围内，Sr 可视为常数，是仪表正常工作范围。

图 9-53　涡街测试原理

如图 9-53 所示，涡街流量计核心部件包括旋涡发生体（阻流体）、检测元件及转换电路等。旋涡发生体是涡街流量计的主要部件，它与仪表的流量特性（仪表系数、线性度、范围度等）和阻力特性（压力损失）密切相关。现已开发出形状繁多的旋涡发生体，可分为单旋涡发生体和多旋涡发生体两类。单旋涡发生体的基本形状有圆柱、矩形柱和三角柱，其他形状皆为这些基本形的变形，本书设计一种梯形发生体结构。

检测元件实现旋涡信号的检测，有 5 种检测方式，分别为：（1）用设置在旋涡发生体内的检测元件直接检测发生体两侧差压；（2）旋涡发生体上开设导压孔，在导压孔中安装检测元件检测发生体两侧差压；（3）检测旋涡发生体周围交变环流；（4）检测旋涡发生体背面交变差压；（5）检测尾流中旋涡列。在这 5 种方式中，再采用不同的检测技术（热敏、超声、应力、应变、电容、电磁、光电、光纤等）构成应用于不同场合不同类型的涡街流量计。现采用第 5 种检测方式，并采用陶瓷应变式敏感元件进行采集，采集后的原始信号进行放大、滤波、整形等处理，得出与流量成比例的脉动信号。

由于工作环境恶劣、工作空间狭小，要求对流量模块的各个组成部分进行优化设计，满足高温、高压条件下的长期流量数据采集。同时要求能够与流量控制阀配套使用，满足配水器的设计要求。图 9-54 是井下配水技术专用小直径涡街流量测试模块的结构图，包含流量传感

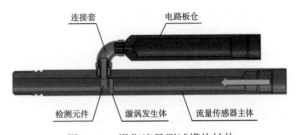

图 9-54　涡街流量测试模块结构

器主体、检测元件、漩涡发生体、连接套、电路板仓。检测流量最后通过串口将数据发生给配水器的核心处理器。

图 9-55 为涡街流量计探头的空间结构，利用探头的尾插检测旋涡列，采用差分信号处理采集的脉动信号。

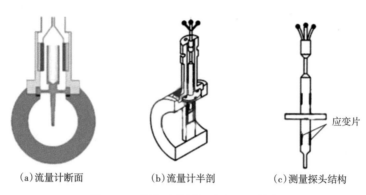

（a）流量计断面　　　　（b）流量计半剖　　　　（c）测量探头结构

图 9-55　涡街流量计探头的空间结构

2）流量总成的设计

为满足涡街流量计检测和数据处理双筒结构上的要求，本书所设计的流量总成如图 9-56 所示，包括流量计上接头、流量计主体、发生体、检测元件、定位环、发生体基座、信号采集仓、双公接头、电路板仓、电气连接组件。

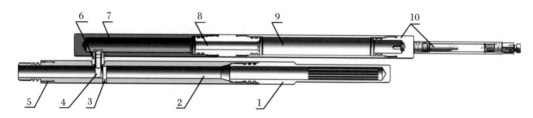

图 9-56　流量总成结构

1—流量计上接头；2—流量计主体；3—发生体；4—检测元件；5—定位环；6—发生体基座；
7—信号采集仓；8—双公接头；9—电路板仓；10—电气连接组件

在一体化配水器内部中占桥式偏心两个通道的位置，涡街流量计的尾端通过螺纹连接在桥式上接头的一个偏孔上，流量计上接头、流量计主体与桥式上接头构成注水流道。流量总成另一侧钢管即与检测元件输出端设置了信号采集仓，放置信号采集电路板。信号采集仓采用高压密封罐胶，便于涡街流量计单体的标定、安装和调试。通过双公接头实现信号采集仓与电路板仓之间的钢体连接，电路板主要实现流量信号数据的暂存及模拟载波调制通信。电气连接组件主要实现电路板仓内单芯软线与钢管电缆的电气连接，要求保证可靠的密封性。

3. 两路压力检测总成结构设计

在分层注水工艺中压力的检测是极为重要的环节，可反映出注入压力、地层压力，根据测量地层压力进行地质参数测量，从而进行地质解释，同时也是封隔器验封的判断依据，其测量的数据直接影响注水工艺实施和水驱效果分析，其中地层压力的测量是地质解释的重要手段之一。

常规的分层压力测试主要通过应用地面直读式电子压力计测试系统和井下储存式电子压力计测试系统完成注水井压力测试，存储式应用更为广泛。以偏心分层注水工艺管柱为例，需要进行压力测试时，首先打捞井下堵塞器，然后将双通道压力计投入偏心配水器偏孔内同时测量油管和地层压力，测试完成后再次通过钢丝下入投捞器，捞出双通道压力计，再次投入堵塞器，实现正常注水。对取出的存储式双通道压力计进行数据回放，获取地层压力及压力恢复曲线等参数。

由于井下空间环境的限制，要求井下压力传感器需满足高温、高压、高精度、小尺寸和功耗小等要求，目前注水井井下压力传感器采用硅压阻式、溅射薄膜、应变片压力传感器，耐高温、精度高则采用蓝宝石压力传感器。

工程技术上所称的"压力"实质上就是物理学里的"压强"，定义为均匀而垂直作用于单位面积上的力。基本单位为：Pa（帕斯卡）、kPa（千帕）、MPa（兆帕）、Bar（巴）。压力传感器则是一种能将压力这一被测量量转换成与之有一定的规律的，便于后续检测、传输或处理的部件或装置。压力传感器的测量对象为流体（包括液体、气体和溶体），习惯上，把压力传感器和压力变送器都称为压力传感器。目前压力传感器向着小型化、集成化、智能化、广泛化和标准化发展。

压力传感器按测量原理可分为应变式、电容式、差动变压器、霍尔和压电式；按物理介质分为扩散硅、溅射膜、应变片、陶瓷、电容式和蓝宝石；按被测压力类型分为绝对压力、体表压力、密封表压和差压。目前应用较为广泛的压力传感器为扩散硅压阻式、陶瓷压阻式、电容式、应变片贴片和溅射薄膜式，其特性对比见表9-12。

表9-12　常用压力传感器特性比较

原理和工艺	优点	缺点
扩散硅	在温度补偿范围内（0~50℃或0~70℃）性能稳定，小量程和绝对压力优于其他类型，灵敏度高	低于0℃、高于80℃后，温度稳定性会大幅度降低；不能承受动态压力；膜片易受损伤
厚膜陶瓷	成本低，抗腐蚀性好，使用温度宽	输出跳动，不易读数；压力下降时回零慢、迟滞大；陶瓷膜片薄而脆、易碎
电容式	量程全，抗过载能力强，性能稳定	体积大，不能承受动态压力，高温需充硅油
应变片贴片	成本低，成熟传统工艺	由胶引起的时漂大，靠手工生产离散性大
溅射薄膜	扩散硅、厚膜、电容、应变片所固有的缺点都没有，长期稳定和可靠	不适用于小量程测量；成本高

注水井井下压力传感器采用硅压阻式、溅射薄膜、应变片压力传感器工作原理都是基于惠斯登电桥压阻原理。惠斯登电桥压阻原理即配置于弹性膜片上的电桥电阻，在压力作用下发生形变。电阻尺寸的变化引起电阻值的变化。因此电桥产生信号输出，其值正比于施加的压力。惠斯登电桥可由金属电阻或压阻材料构成，压阻电桥由于晶格掺杂效应以及机械变形，能提供较大输出信号。金属电阻可采用多种技术将电桥固定于膜片之上，诸如粘接、硅或陶瓷融合、直接分子键合。硅压阻式压力传感器其压力敏感元件为扩散硅芯体。金属电阻应变片的工作原理是吸附在基体材料上应变电阻随机械形变而产生阻值变化的现象，也称为电阻应变效应。金属导体的电阻值可用式（9-6）表示：

$$R = \rho \cdot L/S \tag{9-6}$$

式中　ρ——金属导体的电阻率；

　　　S——导体的截面积；

　　　L——导体的长度。

以金属丝应变电阻为例，当金属丝受外力作用时，其长度和截面积都会发生变化，从式（9-6）中很容易看出，其电阻值即会发生改变，若金属丝受外力作用而伸长时，其长度增加，而截面积减少，电阻值便会增大。当金属丝受外力作用而压缩时，长度减小而截面增加，电阻值则会减小。只要测出加在电阻上电压的变化（通常是测量电阻两端的电压），即可获得应变金属丝的应变情况。

分层注水工艺中近几年采用了溅射薄膜压力传感器。薄膜压力传感器利用溅射合金薄膜压力敏感元件结合先进的加工工艺技术（溅射工艺）制作而成。在压力介质直接作用的17-4PH 不锈钢膜片上，以分子键合的方式制作出微米级的电阻膜。再经过微电子工艺制作出需要的惠斯登电桥，组成全金属型敏感元件，无任何粘贴剂和活动件，无需密封腔和充油腔，因此具有适用于恶劣环境和长期稳定工作的特点。

本书采用溅射薄膜压力传感器实现嘴前、嘴后压力的检测。分层注水工艺中压力传感器的安装尺寸如图 9-57 所示，具体技术指标见表 9-13。

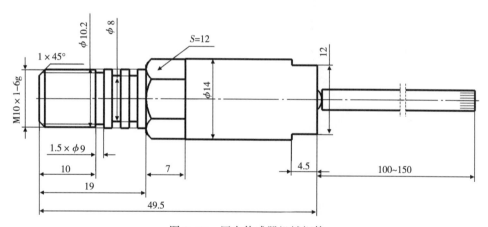

图 9-57　压力传感器机械钢体

表 9-13　溅射薄膜压力传感器技术指标

参数	指标	参数	指标
量程	0~60 MPa	输出	1.2~1.8mV/V
综合精度	±0.1%FS	绝缘电阻	≥1000 MΩ/100V
非线性	0.06%~0.1%FS	过载能力	200%FS
迟滞	0.02%~0.05%FS	供电电源	5~15VDC
重复性	0.03%~0.06%FS	工作温度	−40~125℃
零点温漂	±0.01%FS/℃	连接方式	M10×1 双 O 形圈密封
灵敏度温漂	±0.02%FS/℃	接液材料	膜片：17-4PH 过程连接件 1Cr18Ni9Ti
输出阻抗	1.5~3kΩ	相对湿度	0~95% RH

压力总成结构如图9-58所示，包含压力计接头、嘴后导压孔、压力计主体、嘴后压力计、嘴前导压孔、嘴前压力计、电路板仓、电气连接组件等部件。压力总成利用压力计接头通过螺纹与桥式上接头进行对接，压力计接头内部设置嘴后导压孔导压至一路压力计，实现嘴后压力的测试。压力计主体不仅作为密封连接件，还有固定两路压力计的作用，同时侧壁开嘴前打压孔实现嘴前压力的测试。两路压力计数据线引入电路板仓，实现数据的采集和处理，同时实现模拟载波的通信功能。电气连接组件主要实现电路板仓内单芯软线与钢管电缆的电气连接，要求保证可靠的密封性。

图9-58 压力总成结构

1—压力计接头；2—嘴后导压孔；3—压力计主体；4—嘴后压力计；5—嘴前导压孔；

6—嘴前压力计；7—电路板仓；8—电气连接组件

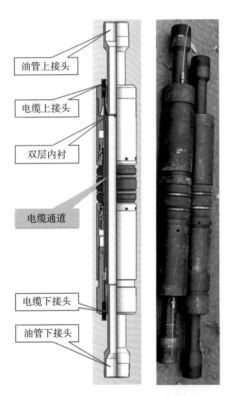

图9-59 预置电缆可洗井逐级解封
封隔器整体结构及实物

三、预置电缆可洗井逐级解封封隔器

预置电缆可洗井逐级解封封隔器，不占用主通道电缆穿越多级封隔器，以避免影响注水井吸水剖面等其他测试工艺。所开发预置电缆可洗井逐级解封封隔器结构及实物如图9-59所示。

预置电缆可洗井逐级解封封隔器内部结构如图9-60所示，由坐封活塞套、锁环定位环、销钉挂、隔环、注水座、洗井阀座、内衬管、电缆高压连接组件、上接头、上主体、洗井阀套、洗井阀、中心管、边胶筒、中胶筒、衬管、销钉座、坐封活塞、下主体、下接头等部件组成，现介绍具体功能。

1. 坐封

预置电缆可洗井逐级解封封隔器（简称封隔器）随管柱下入预定位置后，从油管内憋压，液压经连接头的孔眼作用在坐封活塞上，坐封活塞推动坐封活塞套及销钉座，剪断坐封销钉，压缩胶筒，坐封活塞套与锁环完成定位锁定；同时洗井阀在液压作用下下移关闭洗井通道，使胶筒直径变大，封隔油套环形空间。泄掉油管压力后，因坐封活塞套与锁环分瓣卡瓦锁在一起，胶筒不能弹回，始终处于封隔油套环形空间的状态。

2. 洗井

从套管内注入压差不小于0.1MPa的带压水流，液压经内衬管的孔眼作用在洗井阀上，推动洗井阀上行，洗井阀被打开，水流便经内衬管的水槽、内外中心管的环形空间及锁套的水槽流到封隔器下部的油套环形空间，达到反洗井的目的。

3. 解封

上提管柱，上接头带动内中心管和连接头向上运动，连接头拉动洗井阀套上行，而坐封活塞套、中心管、锁套及分瓣卡瓦等零件由于胶筒与套管之间有摩擦力保持相对不动，锁套与分瓣卡瓦分离，剪断解封销钉，胶筒即可弹回，恢复原状，完成解封。

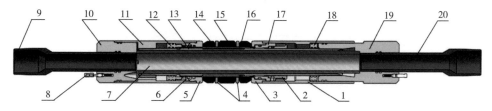

图 9-60　预置电缆可洗井逐级解封封隔器内部结构

1—坐封活塞套；2—锁环定位环；3—销钉挂；4—隔环；5—注水座；6—洗井阀座；7—内衬管；
8—电缆高压连接组件；9—上接头；10—上主体；11—洗井阀套；12—洗井阀；13—中心管；
14—边胶筒；15—中胶筒；16—衬管；17—销钉座；18—坐封活塞；19—下主体；20—下接头

预置电缆可洗井逐级解封封隔器其技术参数见表 9-14。

表 9-14　预置电缆可洗井逐级解封封隔器参数

连接扣型	最小内径 mm	最大外径 mm	总长，mm		洗井通道面积 cm²
			下井	起出	
2⅞in 平式油管扣	46	114	1200	1310	9.89
胶筒坐封力 kg	现场坐封压力 MPa	适应套管内径 mm	工作压力，MPa		寿命
			上端	下端	
2180	15~18	117~132	8	8	三年以上

四、系统控制及通信

根据监测和控制工艺要求，井下配水器控制系统方案如图 9-61 所示。具体包括电源管理控制电路、监控数据采集电路、流量调节电路、载波通信控制电路。井下配水器可实现手动调配和自动调配两种工作状态。调配过程中主控系统通过终端传感器（如涡街流量计、压力计）经 A/D 转换，实时采集该层段的当前流量值、压力值及温度，并存入存储芯片中，以备数据暂存。同时，单片机主控系统根据流量给定值发出驱动电动机的调节控制信号，通过执行机构调节堵塞器开度的大小，实现流量闭环控制。

井下一体化配水器通过模拟载波技术实现与地面控制箱的通信，同时也通过该单芯钢管电缆获取电能，井下一体化配水器设置了超级电容实现电能的暂存及去除电源的纹波变化（滤波电路），提高供电质量。当根据地质要求需对每层的配注方案更改、读取井下数据时，系统远程载波通信触发后工作，该测调工艺过程实现针对单层段的监测与控制，其工艺流程如图 9-62 所示。该状态测调工艺由地面控制主机发送指令完成流量测调、数据地面回读、电源管理及系统标定等功能。载波通信模块 A 通过钢管电缆与载波通信模块 B 完成接收地面的命令并向地面反馈数据等功能，再由串口通信实现与地面控制箱的信息交互。

考虑到油套环空的空间，该工艺采用单芯钢筒提供动力电和实现通信功能。注水井不

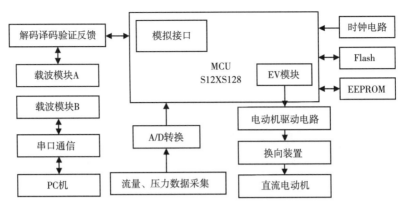

图9-61 井下配水器控制系统方案

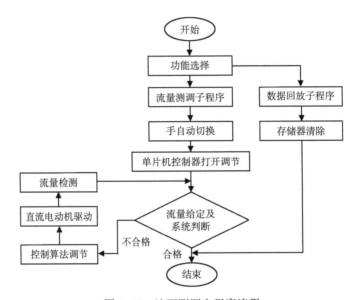

图9-62 地面测调主程序流程

仅长度大，环境还较复杂。因此，开发这一种适用于注水井环境下的模拟载波变长编码技术，通信传输的处理过程为：将信号源输出信号转化为标准信号，再经过调制电路以调幅的形式调制在模拟载波信号上，然后经放大、耦合到钢筒电缆上，实现远距离传输；在传输的终端，模拟载波信号被接收电路接收，通过线路耦合和信号滤波，将调制信号从电力线路上滤出；然后通过解调电路和放大电路处理后，把信号解调成标准的TTL电压信号，其原理如图9-63所示。为提高效率，设计一种变长编码技术，其数据的传输方式如图9-64所示。假设单位时间长度为T，2个周期的T高电流代表逻辑0，一个周期的高电流代表逻辑1，例如当需要传输数据0x0F时，发送一次数据所需的最长时间是0x00，需要数据周期16个，间隔周期11个，一共27个T。最短是0xff，其所需的时间为19个T，用此类数据数据传输方法会导致数据传输数度的减少，但会获得更高的抗干扰能力。

地面控制及解释系统的三个部分及其功能：（1）地面控制电源装置，为井下配水器提供动力电；（2）地面控制和储存硬件平台，实现发送控制指令（实现多层段同步测调）、

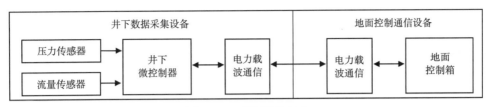

图 9-63　系统通信方案

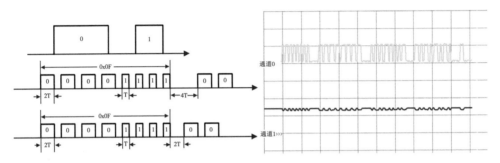

图 9-64　数据传输格式

录取数据和大容量数据存储等功能；（3）解释软件平台，用于读取注水井工艺数据和数据分诉、判断、提示和报警等，形成数据成果表并统计月报表、年报表等。

五、应用效果

1. 固定可充电全过程连续监测与自动控制技术

开展现场试验井历史监测数据读取 22 井次，录取井下注水压力、流量、电池电压等生产监测数据 98400 组。

以北 1-1-丙水 78 井为例，该井投产固定可充电全过程连续监测与自动控制技术累计工作时间 24 个月，实现了压力、流量等生产参数实时连续监测及自动测调（图 9-65）。利用自动调配功能，层段注入误差在 10% 以内，各层段注水量一直处于合格状态。

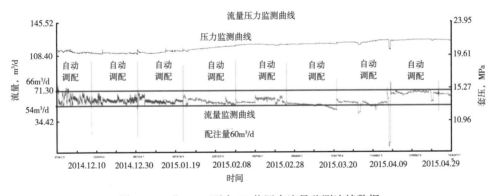

图 9-65　北 1-1-丙水 78 井压力流量监测连续数据

该工艺不仅可以连续监测到投产施工后压力恢复过程，还能监测到配注过程中存在的配水间维修停注等现象。以北 3-11-丙水 264 井监测历史数据为例（图 9-66），期间①、

②停注获得压降曲线，③、④测得生产异常情况，利用该数据便于后续的分析。

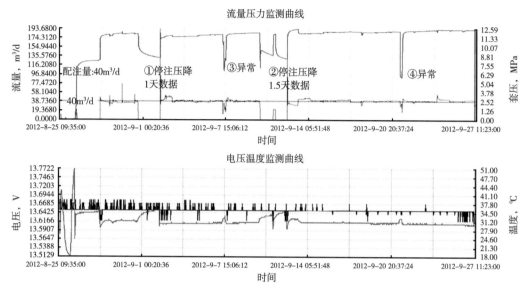

图 9-66　北 3-11-丙水 264 井监测历史连续数据

通过统一时间基准，能实现同一时刻各层配注量和地层压力的连续数据，有助于定量分析层间差异等（图 9-67）。北 3-11-丙水 264 井已连续工作近三年，实现了分层参数的实时监测和配注量的自动测调，配注精度保持在 10% 以内，层段平均注水合格率 91%，砂岩厚度动用比例由 42% 提高到 52%。

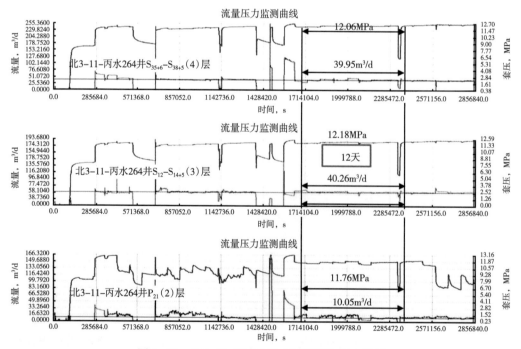

图 9-67　北 3-11-丙水 264 井层段对比历史数据

通过历史数据回放，可观测单层注入量自动调配全过程（图9-68），得知个别工况是通过几次调整才达到合格状态。

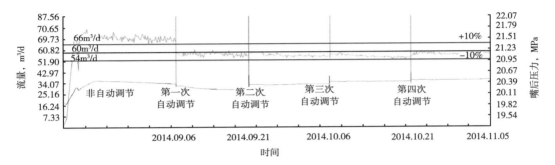

图9-68 中10-水043井偏Ⅲ层自动测调监控曲线

对井下智能配注器进行非接触充电13井次，单层充电时间为2.5h（图9-69）。

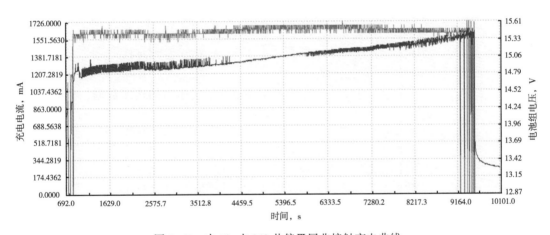

图9-69 中10-水043井偏Ⅲ层非接触充电曲线

2. 预置电缆全过程监测与自动控制技术

预置电缆全过程监测与自动控制技术共进行103口井的现场试验，平均测调时间由2.1d缩至2.5h，选取了大庆油田一厂中区西部萨葡6口注水井作为试验井组，通过井口接电，给井下工具供电，实时监测注水井生产参数，利用无线网络，实现注水井生产参数远程监控。大庆油田一厂中区西部驱替场动态变化较为频繁，利用预置电缆全过程监测与自动控制技术所监测的历史数据可知，Z501-323注水井偏2层段方案配注量为30m³/d，调整后，该层段注入量逐步下降，一周后配注量已不合格，不采取任何措施，一个月后该层段配注量下降至18m³/d（图9-70）。

利用该工艺，实现了注水指示曲线在线测试，无需动用测试车，利用地层压力（实际注水压力）变化（图9-71），绘制出实际注水指示曲线（图9-72），确定出地层的实际吸水能力；该层段启动压力为16.5MPa，吸水指数为33.7m³/（d·MPa）。

预置电缆全过程监测与自动控制技术可实现分注层段封隔器的在线快速验封，无需特殊工艺，验封效率高（为原有的3倍），层段越多越明显。

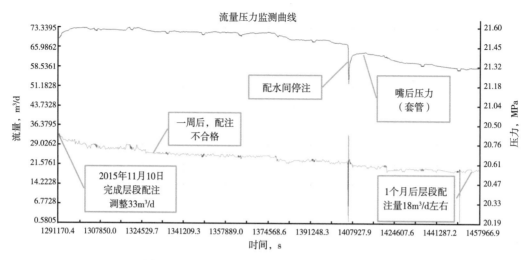

图 9-70　Z501-323 注水井偏 2 监测的历史数据

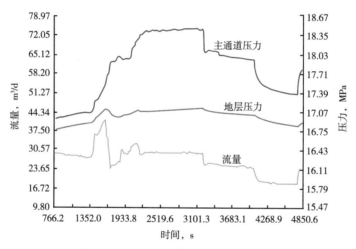

图 9-71　Z501-323 井压力流量监测曲线

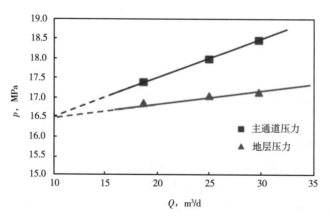

图 9-72　Z501-323 井注水指示曲线

从图 9-73 曲线可以看出：偏Ⅱ层嘴后压力随油管压力变化，偏Ⅰ层嘴后压力不变，表明偏Ⅰ层和偏Ⅱ层间的封隔器密封良好。

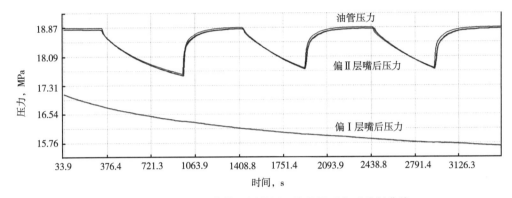

图 9-73　Z50-310 井偏Ⅰ层关闭、偏Ⅱ层开启时验封曲线

预置电缆全过程监测与自动控制技术可实现注水井停层不停井的静压测试，改变了传统静压测试方法，降低了对生产井的影响。

图 9-74 曲线显示：2d 后，压力曲线出现水平段，压力由 21.5MPa 降至 18.5MPa。

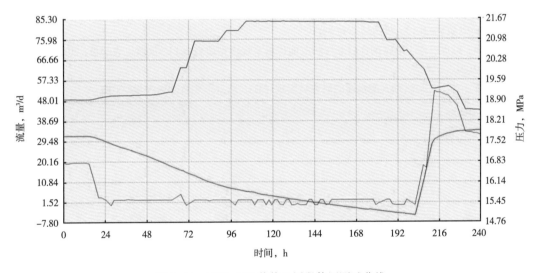

图 9-74　Z501-323 井偏Ⅱ层段静压测试曲线

智能分层注水技术已经进入小规模试验阶段，截至 2018 年底，在四个试验区运行 103 口井，最长运行时间已达到 4 年，最高层段数 7 层，在采油一厂、采油五厂试验区实现了无线远程控制。统计应用智能注水技术前后，试验区检配合格率提升了 13.8%，砂岩动用厚度比例有效提高，连通采油井月含水上升速度得到有效控制。截至 2018 年底，四层段注水井成本可控制在 30 万元以内。智能分层注水技术可以减少后续的检配、调配、验封及套损预警检测等相关作业费用。现阶段该技术主要定位是油田定点监测井，为注采区块注水方案优化提供依据。随着技术进步及量产化，成本进一步下降，有望继续扩大应用范围。以大庆油田为例，随着大庆油田注水井细分，分注井总数在 24795 口的基数上，每年

仍增加 1000 口左右，注水方案调整周期不断缩短，测试工作量随之增加，现有测试队伍无法满足测试需要。智能注水技术能够实现井下注入压力、流量等生产参数长期连续监测及自动调配，可有效缓解上述矛盾，同时为制订开发方案及油藏动态分析提供了有效的技术支持，将成为油田注水管理数字化、智能化的又一利器。

参 考 文 献

[1] 赵玉华. Y341-114 注水封隔器 [J]. 石油机械，1990，18（3）：50-52.

[2] 张红伟，谷磊，郝文民，等. 胡状集油田分层注水开发对策 [J]. 内蒙古石油化工，2008，（18）：131-132.

[3] 张玉荣，闫建文，杨海英，等. 国内分层注水技术新进展及发展趋势 [J]. 石油钻采工艺，2011，33（2）：102-107.

[4] 李敢. 智能注水井一体化测调技术改进及配套技术 [J]. 石油机械，2014，42（10）：74-76.

[5] 雷文庆，张晓东，张海峰. 注水井智能监测系统在油田的应用 [J]. 油气田地面工程，2015，34（12）：63-64.

[6] 李长星，杨婷，樊华. 电磁感应技术在智能测调配水装置的应用 [J]. 仪表技术与传感器，2012，（6）：74-76.

[7] 杨婷. 智能测调配水装置无线通信技术的研究 [D]. 西安：西安石油大学，2012.

[8] 李德忠. 水平井实时测控精细分层采油工艺技术 [J]. 科技创新导报，2012，（27）：79-80.

[9] 丛艳平，魏志强，杨光，等. 多模式自适应水下无线通信网络框架研究 [J]. 中国海洋大学学报（自然科学版），2012，42（5）：115-119.

[10] 胡友强，戴欣. 基于电容耦合的非接触电能传输系统模型研究 [J]. 仪器仪表学报，2010，31（9）：2133-2139.

[11] 游彦辉. 井下自动测调式配水器的研究与实现 [D]. 北京：北京交通大学. 2010.